BIOMEDICINA

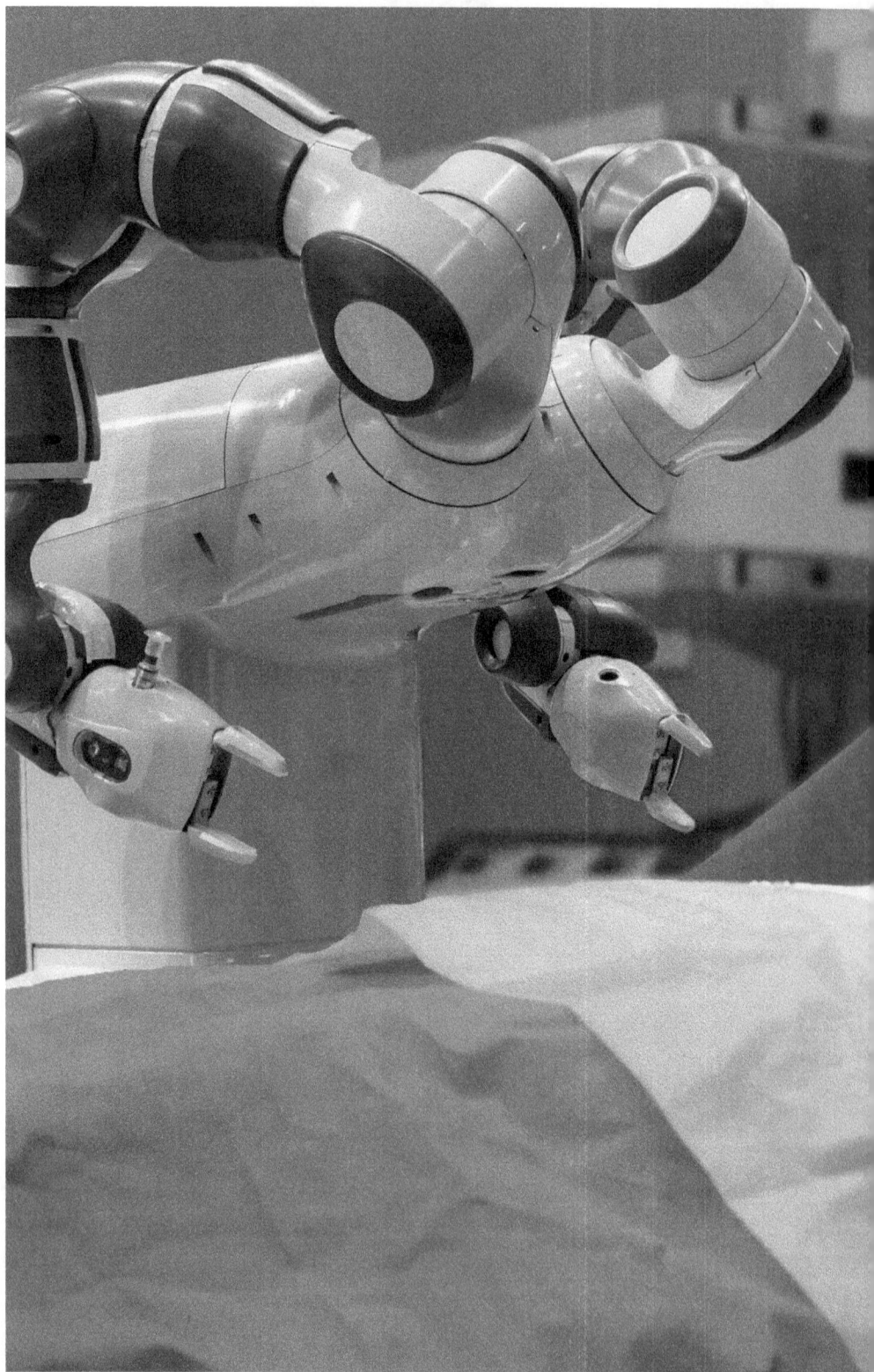

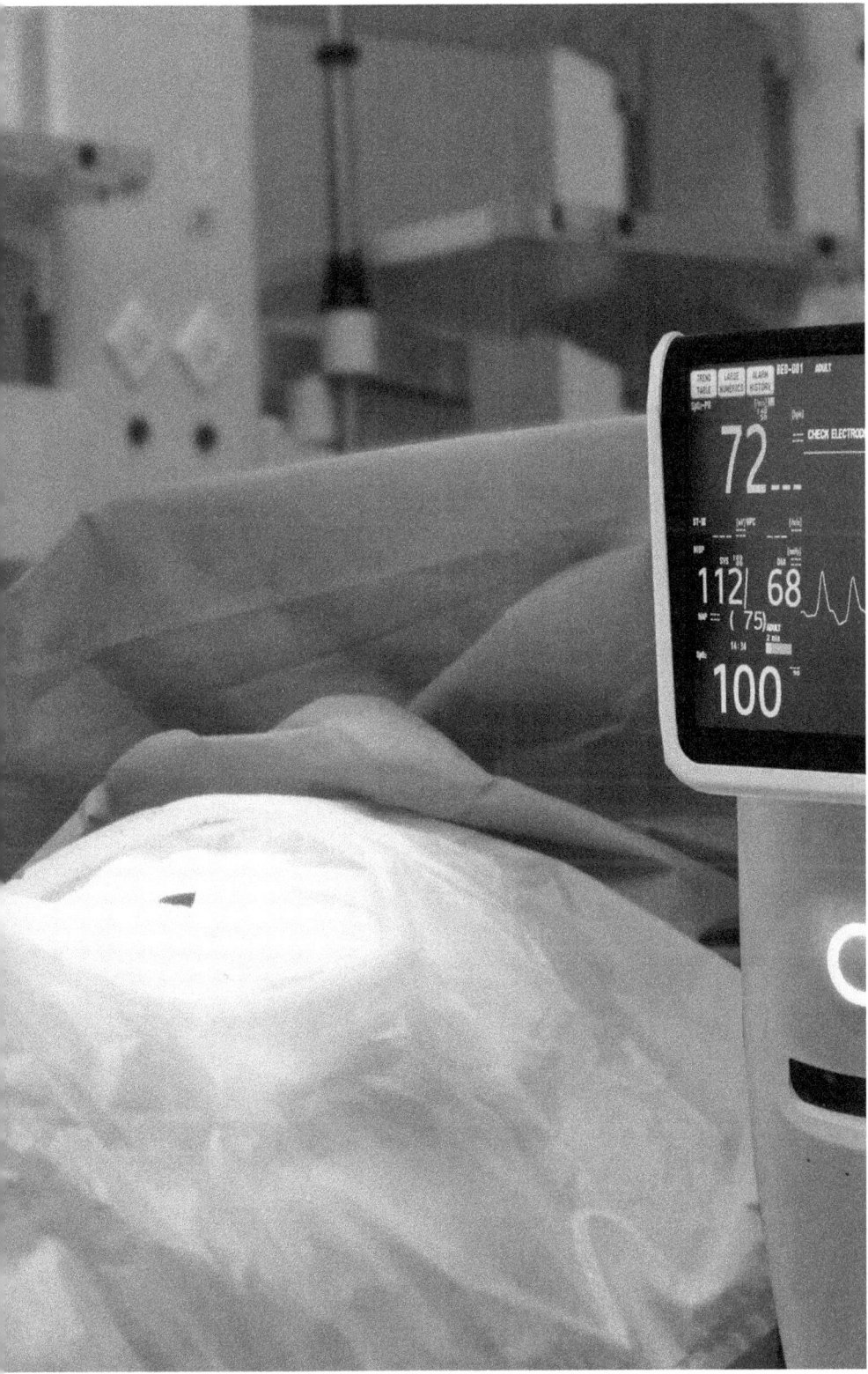

TREND
TABLE
LARGE
NUMERICS
ALARM
HISTORY
BED-001
ADULT

ECG-P3

72
CHECK ELECTRODE

ST-II

NBP
SYS
112
68
DIA

(75)
ADULT

SpO2
100

INNOVANT PUBLISHING
SC Trade Center: Av. de Les Corts Catalanes 5-7
08174, Sant Cugat del Vallès, Barcelona, España
© 2021, INNOVANT PUBLISHING SLU
© 2021, TRIALTEA USA, L.C. d.b.a. AMERICAN BOOK GROUP

Director general: Xavier Ferreres
Director editorial: Pablo Montañez
Producción: Xavier Clos
Coordinación editorial: Adriana Narváez
Diseño de maqueta: Oriol Figueras
Maquetación: Mariana Valladares
Redacción: Edith Morales
Edición: Ricardo Franco
Corrección: Karina Garofalo
Ilustración: Roberto Risorti (pág. 16, 17, 74 y 77)
Créditos fotográficos: "Máquina de cirugía robótica", "Ilustración
capitán Garfio", "Ilustración 3D de pierna de madera", "Prótesis de madera",
"Piernas artificiales (grabado)", "Brazo protésico", "Juego chino", "Brazo
ortopédico", "Prótesis eléctrica con piel sintética", "Ilustración 3D de manos
robóticas", "Atleta con prótesis de pierna", "Prótesis robóticas de pierna",
"Radiografía de piernas", "Ilustración 3D de prótesis de cadera", "Reemplazo
de rodilla derecha", "Ilustración 3D de implante dental", "Máquina corazón-
pulmón", "Implante de válvula aórtica", "Ilustración 3D de angioplastía",
"Corazón impreso en impresora 3D", "Ilustración 3D de corazón robótico",
"Ilustración de implante de marcapasos", "Audífono", "Audífono para
implante coclear", "Lente de contacto inteligente", "Matriz de grafeno",
"Observación a través de rayos X (grabado)", "Ecógrafo", "Resonancia
magnética", "Ilustración de un resonador magnético", "Artroscopia de
rodilla", "Analizador bioquímico automatizado", "Enzimoinmunoanálisis",
"Cama de UCI", "Quirófano inteligente", "Cirugía robótica", "Cirugía
con luz láser" (©Shutterstock), "Rayos X" (© Album/ Science Source).

ISBN: 978-1-68165-873-5
Library of Congress: 2021933746

Impreso en Estados Unidos de América
Printed in the United States

ÍNDICE

INTRODUCCIÓN

Hasta hace algunos años resultaba difícil relacionar el trabajo de los profesionales de cascos amarillos con el de los de guardapolvo blanco. A pesar de que en la historia de la humanidad hubo situaciones en las que, de una u otra manera, se vincularon, la ingeniería y la medicina no interactuaron durante mucho tiempo.

Sin embargo, los caminos de la ciencia y el desarrollo tecnológico han propiciado ese acercamiento. La biomedicina es una disciplina relativamente reciente que aplica los principios y los procedimientos de la ingeniería a las ciencias de la salud: la medicina, la bioquímica, la industria farmacéutica, la biotecnología, etcétera. Entonces, las herramientas que tradicionalmente utilizan los invgenieros para construir puentes, barcos y plataformas petroleras, en la actualidad se redireccionan y ayudan a resolver múltiples situaciones vinculadas con el cuerpo humano, su salud y la vida en general. Así, las leyes de la física, los cálculos matemáticos, las ecuaciones químicas y el lenguaje informático cobran otro sentido.

Las aplicaciones de la biomedicina son inconmensurables. Se podría decir que "el camino recién empieza" y que es verdaderamente vertiginoso. Día tras día nos sorprenden novedades en este campo. Pero ¿cuáles son esas aplicaciones? ¿Las conocemos? ¿Están presentes en nuestra vida cotidiana? Un pequeño repaso por los campos de acción de la biomedicina nos permitirá afirmar que sí. Un caso son los estudios médicos, desde un simple análisis de laboratorio hasta una resonancia magnética o una ecografía. Otros son las cirugías (desde las más sencillas hasta las más complejas, como una intervención cardiovascular o cerebral), el uso de láser para curar afecciones, la colocación de implantes dentarios, las prótesis en distintas partes del cuerpo… y podríamos seguir.

A continuación les presentamos una breve lista de los campos de acción de la biomedicina, varios de los cuales iremos desarrollando en este libro.

- Diseño de prótesis, como miembros ortopédicos, y tecnologías de apoyo a las personas con capacidades especiales.
- Diseño y construcción de válvulas para el sistema cardiovascular, marcapasos, respiradores, audífonos, implantes, máquinas de diálisis, lentes de contacto, etcétera.
- Soportes y tecnologías vinculadas con cultivos celulares utilizados en medicina regenerativa.
- Diseño de equipos electrónicos que se utilizan en diagnóstico y tratamiento médicos.
- Realización de modelos de órganos: corazón, cerebro, vasos sanguíneos, articulaciones, con el fin de estudiarlos e implementar posibles tratamientos.
- Robótica médica y desarrollo de múltiples tecnologías que ayudan en el campo quirúrgico.
- Diseño de bombas y dosificadores para la administración de sueros, fármacos y hormonas.
- Monitoreo de pacientes internados, en especial, aquellos que requieren cuidados intensivos.
- Desarrollo de programas para modelizar y analizar la estructura tridimensional de algunas moléculas presentes en el cuerpo humano, como las proteínas.
- Análisis de datos del genoma humano para la identificación y el desarrollo de nuevos fármacos.
- Desarrollo de *software* para el control de la gestión en hospitales y centros de salud.

DEL CAPITÁN GARFIO A LAS IMPRESIONES 3D

Las prótesis

Reemplazar una mano, una pierna, un ojo o un diente por un artefacto artificial con sus características y su funcionalidad pareció, durante siglos, algo imposible. Las prótesis, que existieron desde la Antigüedad, tenían serias limitaciones. Recién en el siglo xx y, más aun, en el siglo xxi, la bioingeniería lo está haciendo posible. Ahora, los sistemas electrónicos pueden asociarse con los biológicos y generar prótesis robóticas realmente increíbles o, mejor dicho, tan parecidas a la parte del cuerpo que reemplazan, que resulta difícil creer que no son humanas.

LAS PRÓTESIS ORTOPÉDICAS: UN POCO DE HISTORIA

¿Quién no conoce a Peter Pan? Este popular personaje fue creado a principios del siglo XX por el escocés James Matthew Barrie (1860-1937) para una obra de teatro. Es un niño que nunca crece, que puede volar y que siempre va acompañado de su hada, la dulce Campanita. Vive en el país de Nunca Jamás, una isla misteriosa donde habitan otros niños, indios, sirenas, hadas y también piratas. Entre ellos está su principal enemigo, James Garfio, capitán de la tripulación del *Jolly Roger*. Su nombre no es casual: en un duelo de espadas, Peter Pan le cortó una mano, y en reemplazo lleva un gancho que lo identifica. Garfio no le perdona el hecho, persigue a Peter Pan con el fin de capturarlo y castigarlo por lo que le hizo… y entre ellos se sucede un sinfín de situaciones. Pero en este libro no hablaremos de ellas, sino que vamos a detenernos en el "garfio" del capitán Garfio. Se trata de un elemento artificial que reemplaza una parte de su cuerpo, en este caso, la mano perdida en la pelea con Peter Pan.

El garfio, un gancho que suele ser de hierro y que puede resultar útil para sujetar diversos objetos, no es ni más ni menos que una prótesis (del griego antiguo *prósthesis*, que está añadido, adjunto) ortopédica. Este tipo de prótesis tiene como finalidad corregir traumas que se producen en el sistema osteoartromuscular, en especial cuando faltan las extremidades del cuerpo. De hecho, el garfio fue la prótesis más sencilla que se usó durante mucho tiempo para reemplazar un brazo. Así como la pata de palo lo fue para sustituir una pierna.

La falta de una parte visible del cuerpo, como un miembro amputado por un trauma, una enfermedad o una causa congénita (de nacimiento) es, quizás, una de las situaciones más difíciles de afrontar por parte de la persona afectada. ¿Será por eso que siempre ha dado vueltas en la mente de los seres humanos la búsqueda de soluciones a las dificultades?

El garfio en reemplazo
de una mano amputada,
un clásico de los piratas.

UNA DE PIRATAS

Como dice la canción: ... entre todas las vidas yo escojo, la del pirata cojo, con pata de palo, con parche en el ojo, con cara de malo... Además del garfio, era bastante común que los piratas tuvieran que apelar a otras prótesis a lo largo de su vida, como la pata de palo o simplemente taparse un ojo perdido con un parche de tela negra. Es que arriesgaban su vida en cada enfrentamiento en alta mar, especialmente los ocurridos a fines del siglo XVII y comienzos del XVIII, época en la que vivieron los piratas más conocidos.

LAS PRIMERAS PRÓTESIS

Las prótesis removibles (se pueden colocar y retirar) más primitivas y rudimentarias que se desarrollaron fueron fabricadas por los egipcios hace unos 5.000 años. En general, eran muy poco funcionales, es decir, no reemplazaban la función del miembro perdido, sino que cumplían la misión de "completar" estéticamente la parte del cuerpo faltante. Se realizaban con fibras, maderas, cueros, todos materiales de origen natural. Solo en una momia se encontró una prótesis del dedo mayor del pie que aparentemente tenía algo de funcionalidad, pero nada está comprobado.

Ya cerca de la era cristiana, aproximadamente en el 300 a.C., se encontró en una antigua ciudad italiana llamada Capua, cerca de Nápoles, una pierna hecha de madera y cubierta de hierro y bronce, metales que le otorgaban resistencia. Las patas de palo eran los modelos de prótesis imperantes en esos tiempos para reemplazar miembros inferiores. Por aquel entonces, también se comenzaron a usar garfios en personas con los brazos amputados. Según el sabio romano Plinio el Viejo (23-79), un general pidió que le fabricaran uno para poder sostener su escudo y volver al campo de batalla.

La mayoría de las amputaciones ocurrían como consecuencia de la participación en batallas, y las prótesis que se fabricaban tenían como objetivo disimular o esconder las heridas de guerra. Pero no estaban disponibles para cualquiera, ya que solo los ricos podían acceder a ellas.

¿Quiénes las fabricaban? Intervenían personas de diversos rubros, en especial, aquellas relacionadas con la forja de metales, como herreros y armeros (fabricantes de armas) y carpinteros. Los tientos de cuero solían usarse para asegurar la prótesis al muñón del miembro; de este modo, también los talabarteros participaban en su confección.

EL RENACER DE LAS TÉCNICAS PROTÉSICAS

Transcurre el siglo xv, y con él, el Renacimiento en buena parte de Europa, un período de cambios y avances en la filosofía, el arte y también la ciencia. Resurge la preocupación por desarrollar nuevas y mejores prótesis en las que la estética comience a dejar lugar

Prótesis con forma de pata, hecha de madera y cuero.

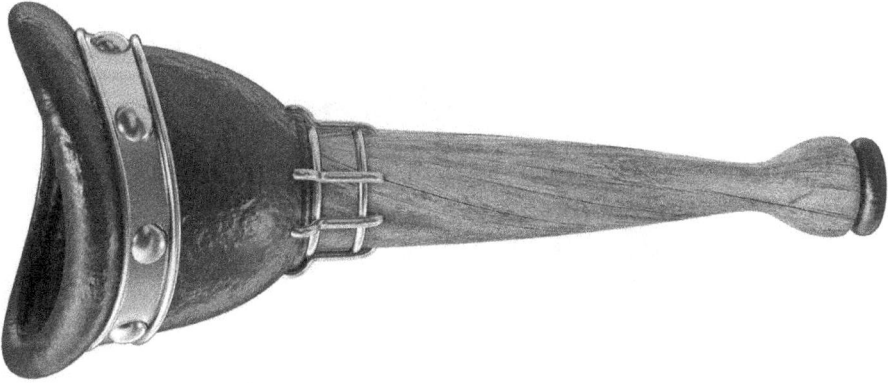

a la funcionalidad. Por eso, otros profesionales hicieron sus aportes, como los relojeros, acostumbrados a trabajar con engranajes y mecanismos de precisión. Los materiales de construcción no cambiaron, ya que se usaba hierro, cobre, plata, madera y cuero, pero el diseño de las prótesis, sí. Los garfios eran ahora más livianos y anchos, y se constituían en dos piezas. Tenían un sistema de bisagra y un muelle que mejoraba su funcionalidad.

En 1501, el alemán Götz von Berlichingen (1480-1562) perdió un brazo en batalla. Entonces, le fabricaron uno artificial con una mano de hierro articulada y dedos que se movían gracias a un complejo mecanismo de resortes sostenido por correas de cuero y asociado a la mano sana. Así, Götz pudo realizar algunos movimientos limitados con su prótesis. Las prótesis de aquel entonces solo permitían quitarse el sombrero, abrir la puerta o saludar.

15

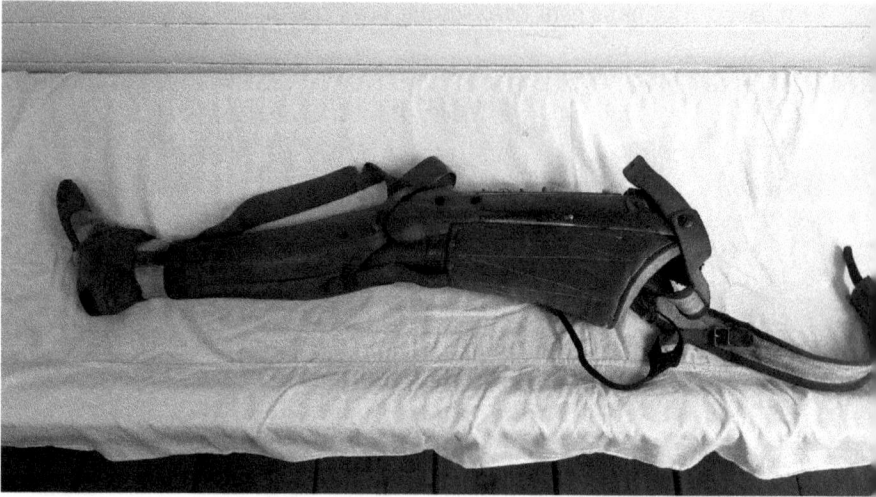

PARÉ, UN REVOLUCIONARIO

En el siglo XVI, el barbero y cirujano del ejército francés Ambroise Paré (1510-1590) perfeccionó las técnicas de amputación de miembros y el diseño de prótesis para reemplazar brazos y piernas. Se lo considera el padre de la ingeniería protésica.

Paré comprendió lo que era una prótesis funcional. A pesar de las limitaciones de la época, desarrolló mecanismos en las piernas artificiales para que la rodilla se flexionara y tuviera control de bloqueo, para que el pie quedara en una posición fija y, además, agregó un arnés ajustable, todas características que se tienen en cuenta en las prótesis actuales. Sus discípulos también se preocuparon por hacer más liviano el miembro artificial y comenzaron a usar otros materiales, como papel con pegamento.

EL SIGLO XIX

Otro momento de grandes cambios en la historia de la humanidad, y también en las técnicas protésicas, fue el sigo XIX. En materia de amputaciones de las extremidades inferiores hubo un avance muy importante: se comprobó que ya no era necesario amputar la pierna por arriba de la rodilla, sino que podía hacerse sobre el tobillo. Esto permitió que se elaboraran prótesis, ya no de pierna completa, sino solo de pie y pantorrilla. El desarrollo de prótesis con diversas características creció de manera considerable y se perfeccionaron los diseños, aunque había una limitación en cuanto a los materiales que podían usarse para su fabricación.

Pierna de madera y cuero
con arnés ajustable.

En aquella época, algunas extremidades artificiales se hicieron tan famosas por las personas que las usaban o diseñaban que hasta el día de hoy se las conoce con nombre propio. Un ejemplo es la "pierna de Anglesey", usada, justamente, por el marqués de Anglesey (1768-1854). En ella, los movimientos del pie y la rodilla, articulada y de acero, estaban controlados por "tendones" fabricados con tripa de gato. Esta pierna fue perfeccionada para que su funcionamiento resultara más suave y natural. Otro famoso miembro artificial fue la pierna anatómica del Dr. Douglas Bly (1824-1876), médico que inventó y patentó su exitosa pierna en 1858.

Los especialistas de la época empezaron a tener en cuenta nuevos requerimientos para las prótesis de pierna: rodilla policéntrica, pie multiarticulado, encaje de succión, etcétera.

17

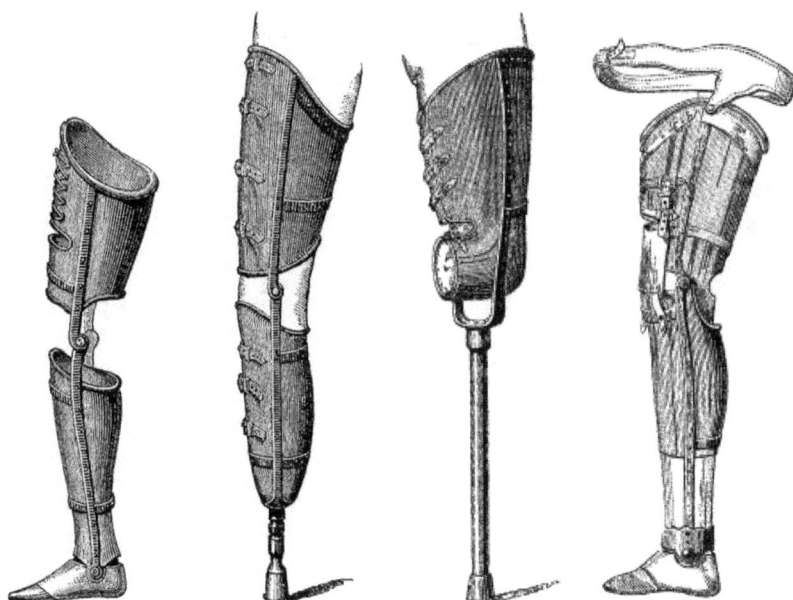

Distintos modelos de piernas ortopédicas utilizadas en el siglo XIX.

Brazo protésico articulado
con arnés de sujeción.

En lo que se refiere a las prótesis de brazo, en las que básicamente lo más importante son las manos, los nuevos diseños también consideraron los múltiples ejes de rotación de las articulaciones, la necesidad de movimiento independiente de cada dedo y, sobre todo, la funcionalidad del pulgar, que permita realizar maniobras de precisión, sujeción y presión.

Muchos de estos desafíos planteados para la mejora del diseño y la funcionalidad de las prótesis fueron superados con la llegada del siglo xx y han sido perfeccionados hasta límites muy poco imaginables. Ya los iremos desentrañando en este libro.

18 HACIA LA INGENIERÍA PROTÉSICA

El siglo xx irrumpe con novedades y mejoras sustanciales en materia de prótesis. Por un lado, se producen modificaciones en los materiales que se emplean para realizarlas. Estos cambios comienzan en 1912, cuando el aviador inglés Marcel Desoutter (1894-1952) pierde una pierna en un accidente aéreo y su hermano ingeniero lo ayuda a fabricar una pierna de aluminio, un material mucho más liviano y resistente que los que se habían usado hasta el momento. En el transcurso de ese siglo se fueron sumando otros materiales: plásticos, siliconas, aleaciones de diversos metales y fibras de carbono, entre otros. La mirada de los especialistas estaba puesta no solo en el diseño de las prótesis, sino también en las características de su construcción. El objetivo era que resultaran más cómodas y confortables.

Por otra parte, quienes diseñaban las prótesis se ocuparon de mejorar su funcionalidad, enfocándose en cómo imitar adecuadamente los movimientos de brazos y piernas, de modo que el paciente amputado pudiera regresar a su vida habitual.

La enorme cantidad de mutilados, producto de ambas guerras mundiales, paradójicamente, favoreció el desarrollo de las prótesis. Hubo varios especialistas de diferentes países que se ocuparon

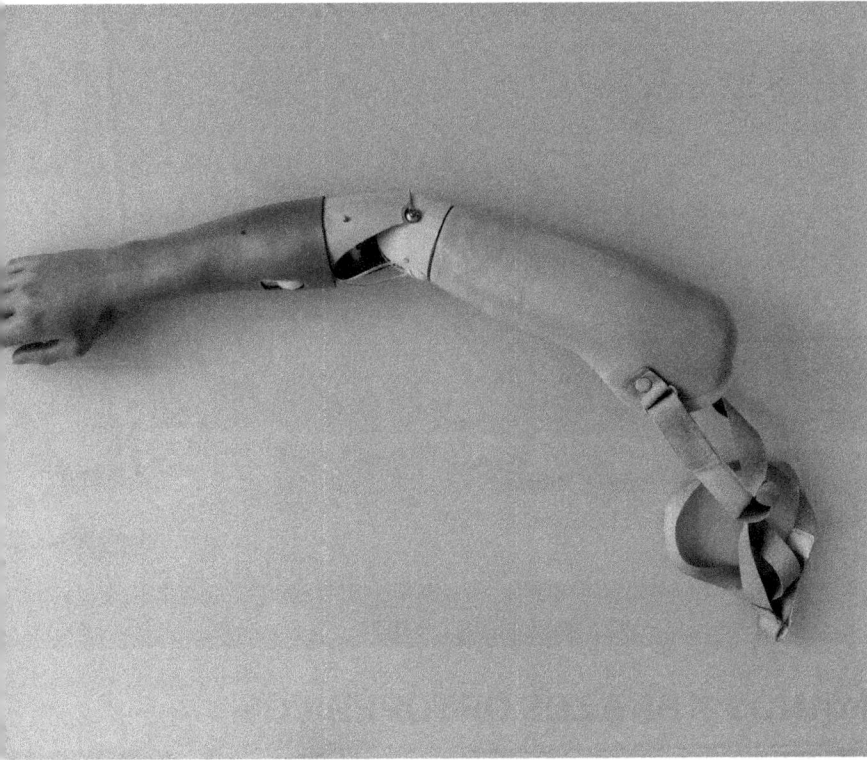

de este tema. En Francia, el médico Gripoulleau diseñó manos artificiales capaces de realizar trabajos de precisión y fuerza. Constaban de partes metálicas, como anillos y ganchos. En los Estados Unidos, Dorrance inventó el *Hook*, una mano que podía abrirse y cerrarse con movimientos del hombro. En Alemania se fabricó el gancho *Fischer*, con mayor potencia y variedad de posibilidades para presionar y sujetar objetos. Podríamos seguir enumerando hitos, pero lo cierto es que lo que verdaderamente revolucionó el mundo de las prótesis fue la incorporación de sistemas eléctricos primero, y electrónicos después. ¡Los brazos y las piernas biónicos hoy son una realidad!

Sin embargo, ningún desarrollo protésico es posible si no hay una acción conjunta de la ingeniería y la medicina. Resulta imprescindible la sinergia entre el diseño, la modelización de sistemas complejos, los procesos avanzados de fabricación y la bioingeniería de materiales.

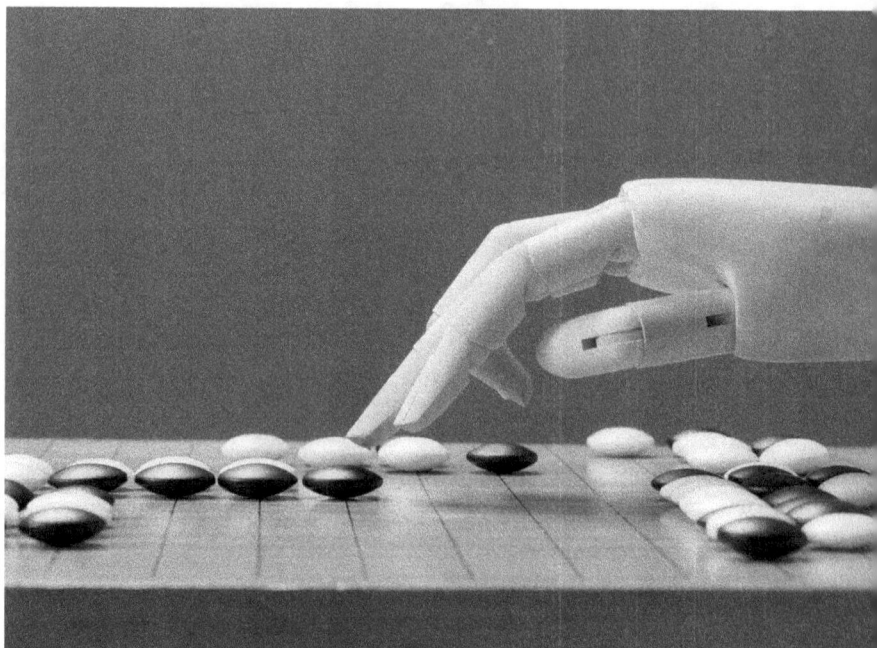

20

MANOS Y BRAZOS ORTOPÉDICOS

Que el miembro protésico gane funcionalidad es el principal propósito a la hora de diseñar estas prótesis. Pero ¿cuáles son estas funciones? En las manos ortopédicas son básicamente dos: la capacidad de prensión (agarrar, sostener y manipular un objeto) y el tacto, que permite distinguir ciertas cualidades de los objetos que tocamos, aun si no podemos verlos, como el tamaño, la forma, la textura de la superficie (lisa o rugosa), la consistencia (dura o blanda) y la temperatura. Este sentido es el que le da plenitud a la funcionalidad de la mano, ya que sin él es prácticamente imposible medir la fuerza necesaria para la prensión. Gran parte de la capacidad prensora está dada por las características de nuestro dedo pulgar, cuya pérdida es la más difícil de reemplazar. Por otra parte, los receptores del tacto se encuentran principalmente en la yema de los dedos.

Teniendo en cuenta estas ideas principales, podemos agrupar las prótesis de manos en varias categorías: cosméticas, mecánicas, eléctricas, mioeléctricas y robóticas.

A la izquierda: prótesis de mano diseñada para realizar movimientos de precisión. Abajo: prótesis cosmética.

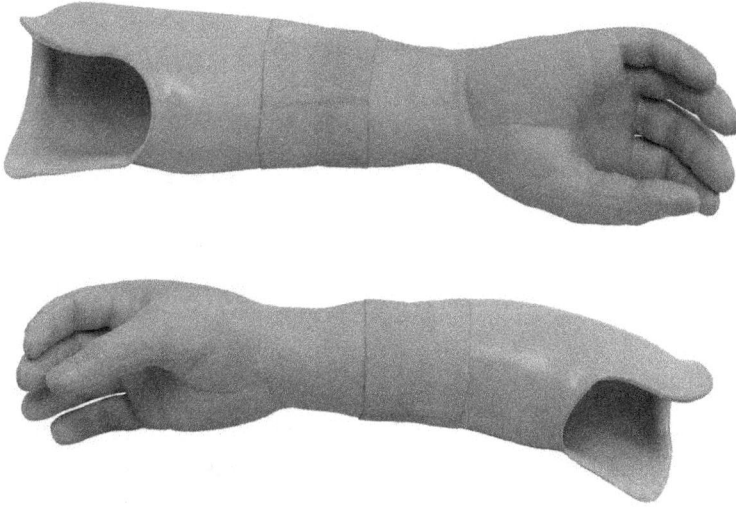

PRÓTESIS COSMÉTICAS

Las prótesis cosméticas tienen como objetivo reemplazar la mano amputada para dar una apariencia de completitud, pero no resultan funcionales. Se realizan para contribuir a la rehabilitación física, y sobre todo psicológica, de la persona amputada. Hay prótesis de distintos materiales y pueden ser de tamaño estándar o hechas a medida.

Las prótesis cosméticas estándar constan de tres partes: un encaje que se hace a medida, una mano interior liviana, estable y cómoda, y un guante cosmético que la recubre. Este último puede ser de distintos tamaños y colores, para imitar con la mayor fidelidad posible la mano real.

Las prótesis cosméticas a medida tienen en cuenta las características de cada paciente y, por lo general, se hacen de silicona. Se toman moldes de la mano existente y se adaptan colores y rasgos de manera que la prótesis se asemeje lo más posible al miembro a reemplazar.

Prótesis mecánica.

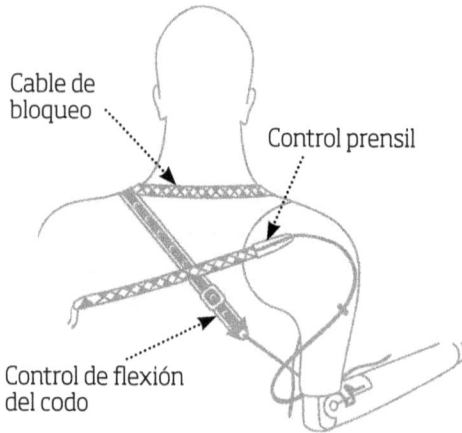

Prótesis eléctrica.

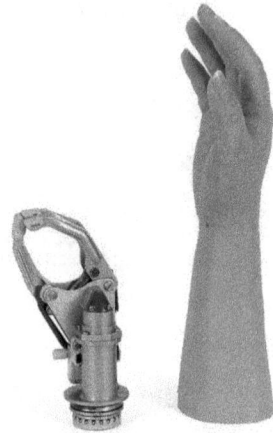

Cable de
bloqueo

Control prensil

Control de flexión
del codo

PRÓTESIS MECÁNICAS

Las prótesis mecánicas también reciben el nombre de prótesis de tiro. Aunque son prótesis de escasa precisión, pueden realizar movimientos limitados y voluntarios, como extender y flexionar los dedos, que sirven para tomar y sujetar objetos grandes y de forma redondeada.

Para ello, la mano está sujeta a un arnés que se coloca alrededor de los hombros y en parte del pecho. En este arnés hay cintas elásticas o tensores que se acortan o se estiran gracias a la contracción y relajación de los músculos pectorales y del hombro. Esto permite que la mano se cierre y se abra (movimiento de pinza). También se pueden usar los músculos del muñón del antebrazo para accionarlas o para sumar movimientos a los del hombro. Su diseño incluye un resorte que da fuerza de presión para tomar o pellizcar un objeto. Todos estos elementos se recubren con un guante de silicona que imita una mano real, para dar una apariencia más estética.

PRÓTESIS ELÉCTRICAS

Las prótesis eléctricas tienen pequeños motores eléctricos en los dedos, la muñeca y el codo que funcionan con una batería recargable y se manejan con un servocontrol, un botón pulsador o un interruptor colocado en un arnés. En general, no son muy recomendables porque requieren mucho mantenimiento y se deterioran si

22

Prótesis mioeléctrica.

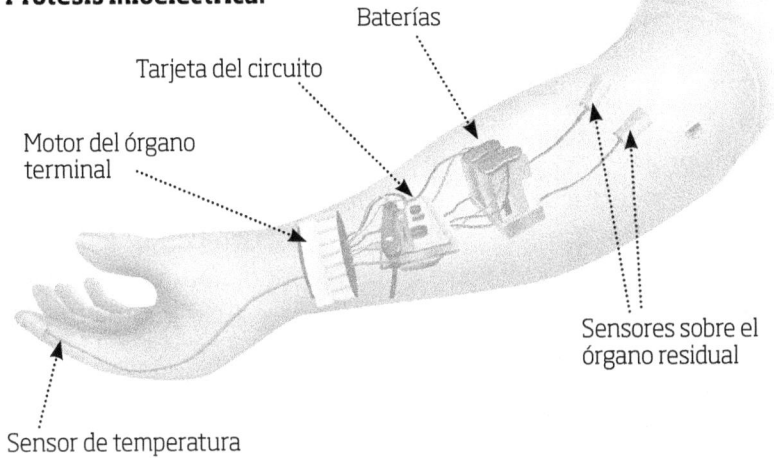

Baterías

Tarjeta del circuito

Motor del órgano
terminal

Sensores sobre el
órgano residual

Sensor de temperatura

la humedad ambiente es alta. Además, suelen ser bastante pesa-
das y caras en relación con todas estas desventajas. En vez de una
mano con dedos pueden tener un gancho doble y mecanizado, que
mejora la precisión en los trabajos manuales.

23

PRÓTESIS MIOELÉCTRICAS

Las prótesis mioeléctricas surgieron en 1960 en Rusia y proporcio-
nan un alto grado de rehabilitación. Funcionan gracias a pequeñas
señales electromusculares que se generan cuando se contraen y se
relajan los músculos del muñón del antebrazo. El *socket* o funda de
la prótesis tiene sensores ubicados estratégicamente que captan
esas señales, las amplifican y las envían a un conmutador encar-
gado de coordinar los movimientos de los diferentes motores del

RECUPERAR UNA PASIÓN

El baterista estadounidense Jason Barnes perdió un brazo justo por debajo del
codo, luego de sufrir una descarga eléctrica. Su pasión por la música y el piano
parecían perderse para siempre, pero no se dio por vencido. Sosteniendo con
su muñón un palillo se dedicó a tocar la batería, hasta que le construyeron
una prótesis con dos palillos y mejoró su desempeño. Luego, le construyeron
una mano protésica completamente innovadora que no depende de sensores
cerebrales, sino directamente de la contracción y relajación de los músculos del
muñón. Gracias a ella, Jason recuperó la posibilidad de tocar el piano.

miembro protésico. No requieren un arnés, sino que se colocan directamente en el muñón con una especie de funda o *liner* que se ajusta adecuadamente por succión.

Estas prótesis realizan las mismas actividades que las eléctricas, pero la diferencia radica en el tipo de control que requieren para accionarlas. Combinan el aspecto estético con una óptima función prensil y buena capacidad de reacción, aunque presentan como desventajas su excesivo peso y la necesidad de una fuente externa de energía eléctrica.

PRÓTESIS ROBÓTICAS O BIÓNICAS

Las prótesis robóticas son las más evolucionadas. Los sistemas mioeléctricos se combinan con componentes electrónicos y microprocesadores que mejoran los movimientos de prensión y permiten otros, como la flexión de los dedos en forma individual, la torsión y flexión de la muñeca y la rotación del dedo pulgar.

24

Muchas de estas manos están controladas por señales electromusculares generadas por los músculos del muñón, pero también se han ensayado técnicas que las conectan directamente con el cerebro. Por ejemplo, se "acomodan" en el muñón los nervios que llegaban al miembro amputado y se reconectan con sensores que están en contacto con la prótesis. Así, las señales motoras llegan directamente a cada parte de la mano. A su vez, hay señales que van en sentido contrario, desde el miembro artificial hacia los nervios sensitivos. Entonces, las personas que las utilizan pueden tener percepciones táctiles. Otra opción que se ha probado es insertar, a través de una neurocirugía, una matriz de sensores en la parte del cerebro que normalmente controla los movimientos de manos y brazos. Más aún, ya existen prótesis controladas por inteligencia artificial, que poseen microcámaras y microsensores

En el siglo XXI, el desarrollo de las impresoras 3D ofrece la posibilidad de fabricarlas a muy bajo costo, lo que las hace accesibles para muchas personas.

que detectan objetos y envían señales directamente a la prótesis para que realice los movimientos adecuados. Los materiales empleados son, en general, diversos plásticos, como el polipropileno y el poliuretano, siliconas y algunas pequeñas piezas metálicas. Esto reduce considerablemente el peso de la prótesis y la hace muy confortable.

La gran desventaja de las prótesis robóticas es que son recomendadas para muy pocos casos de personas amputadas, ya que el muñón debe reunir ciertas características físicas y funcionales para poder integrar la prótesis. Estas características son evaluadas exhaustivamente por los médicos. En el siglo XXI, el desarrollo de las impresoras 3D ofrece la posibilidad de fabricarlas a muy bajo costo, lo que las hace accesibles para muchas personas que antes no podían adquirirlas.

GINO TE DA UNA MANO

Desde chico supo que quería ser inventor. Gino Tubaro nació en 1995, estudió en una escuela técnica de la Ciudad de Buenos Aires y pronto se recibirá de ingeniero electrónico. Su pasión, la impresión 3D. Cuando tenía 15 años armó la primera impresora casera y empezó a imprimir montones de objetos. Hasta que, en 2012, la mamá de Felipe, un chico amputado, le escribió por Facebook para ver si podía imprimirle una mano robótica. ¡Y Gino lo logró! Y no solo eso, a partir de entonces imprime manos para chicos de todas partes del mundo, en forma absolutamente gratuita. "No me gustó cómo quedaron las que imitaban el color de la piel, entonces decidimos hacerlas con los colores de los superhéroes y que cada chico elija su preferido", cuenta Gino con entusiasmo. Desde Atomic Lab, el taller que armó cerca de su casa, concreta el sueño de cientos de chicos que hoy pueden escribir, jugar o peinarse con su mano 3D.

¿QUÉ PUEDE HACER UNA MANO ROBÓTICA?

Este tipo de manos protésicas, las más evolucionadas conocidas hasta ahora, tienen seis modos de funcionamiento básicos.

Modo índice: consigue el movimiento regulado de un solo dedo para poder, por ejemplo, señalar algo o pulsar una tecla.

Modo de prensión: permite la unión de los dedos pulgar e índice.

Modo de ubicación del pulgar: permite abrir y cerrar la mano.

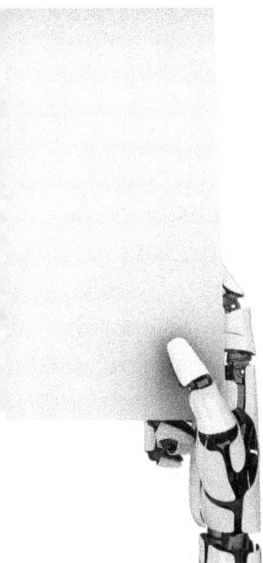

Modo bandeja: permite sostener un objeto con la palma.

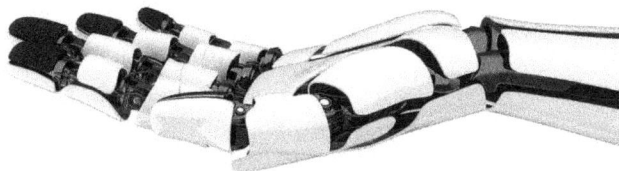

Modo de fuerza o potencia: posibilita que la mano forme un puño y traslade objetos.

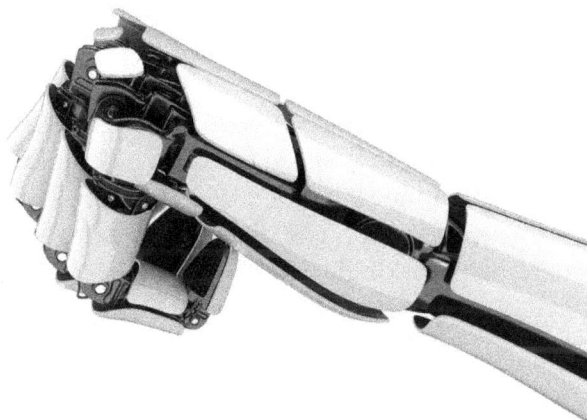

Modo llave: permite que el pulgar se cierre sobre el índice y la mano pueda sujetar objetos planos, como un cartón o un plato.

PIEL DE GALLINA

A Igor Spetic los capullos de algodón siempre le provocaron escalofríos. Tiene la mano derecha amputada, y en 2016 decidió recuperar lo perdido. Le hicieron varias cirugías para colocar en las terminaciones nerviosas de su brazo mutilado dispositivos electroestimuladores. Estos diminutos artefactos electrónicos amplifican lo que "siente" su mano robótica para que su cerebro pueda interpretar las señales que esta mano capta. Con los ojos vendados, le acercaron algodón a su nuevo brazo y a Igor se le puso la piel de gallina. Sintió que se reconectaba con el mundo.

PIES Y PIERNAS ORTOPÉDICOS

Los desafíos más grandes que tienen que enfrentar los ingenieros biomédicos en las prótesis de manos y brazos son la sensibilidad y los movimientos pequeños, ajustados y precisos (motricidad fina). Pero cuando hablamos de miembros inferiores, el reto es otro. Básicamente, una prótesis de pierna o de pie tiene que soportar el peso corporal y estar adaptada en forma adecuada a la marcha.

Su diseño depende de la extensión de la pérdida. La amputación puede limitarse a uno o varios dedos del pie, al pie a la altura de la tibia (pantorrilla), a la pierna a la altura del fémur o a la pierna desde la cadera. También se tienen en cuenta los hábitos de la persona amputada, ya que puede tener conductas mayormente sedentarias o requerir movimientos con asiduidad, como la práctica de deportes.

LOS PIES PROTÉSICOS

28

Cuando se pierden dedos del pie se realizan reemplazos protésicos con el fin de distribuir la carga y mejorar la marcha. Se puede aplicar desde un simple relleno, la colocación de almohadillas para proteger el muñón, plantillas rígidas o incluso, en los casos más graves, encajes que envuelvan el muñón y estabilicen el talón. En general, estas prótesis se realizan con silicona y materiales elásticos combinados con plantillas de carbono. Se les da una terminación estética similar al pie real del paciente.

Si se pierde el pie completo, es decir que la amputación ocurre a nivel de la pantorrilla (transtibial), se cuenta con la ventaja de que la persona conserva la rodilla y entonces el reemplazo es más sencillo. Se trata de las amputaciones más frecuentes. Existen cuatro tipos de pies ortopédicos, en los que resulta fundamental el encaje con el muñón.

LAS RODILLAS PROTÉSICAS

Cuando la amputación es a nivel del muslo (transfemoral), la prótesis se vuelve más compleja, porque además del reemplazo del pie, es necesario el de la rodilla. El encaje o anclaje de la prótesis, en este caso, requiere precisión y debe resultar seguro y

Pie deportivo para
alta competición.

Pies	Características
Estéticos (pies sach)	Muchos tienen un núcleo de madera recubierto con un material esponjoso plástico o de silicona que imita el pie real. El adaptador que lo une a la pierna es metálico. En la actualidad se fabrican de plástico reforzado con fibra de vidrio y adaptadores de titanio, que otorgan una excelente resistencia al agua. Son para personas que tienen un nivel de movilidad de bajo a medio, y que se encuentran en lugares cerrados, con pisos planos.
Articulados	Son similares a los pies estéticos, pero permiten una pequeña flexión de la planta del pie, lo que facilita la marcha. Se fabrican con algunos plásticos resistentes y otros flexibles. Se recomiendan para personas que tienen un nivel de movilidad medio.
Dinámicos	En cuanto al diseño y la funcionalidad, estos pies son considerablemente diferentes de los anteriores. Están elaborados con fibra de carbono y suelen tener forma de ballesta. Son resistentes al agua. Algunos cuentan con un resorte principal que ofrece una absorción casi completa del impacto al caminar. Permiten múltiples actividades, desde caminatas diarias hasta la práctica de algunos deportes.
Robóticos	Se caracterizan por poseer sensores y un microprocesador que permite adaptar el ángulo del tobillo al terreno y regular la velocidad de la marcha. Las posibilidades de marcha son múltiples, ya que pueden usarse, por ejemplo, para subir o bajar rampas y escaleras.
Deportivos	Son aptos para deportes de alta competición. Los pies para correr tienen un diseño muy diferente de los anteriores (forma de ballesta) y están confeccionados con fibra de carbono de alta resistencia, ya que reciben mucho peso y un alto impacto durante la carrera. Poseen una suela adaptable a varios terrenos: asfalto, baldosas, suelos naturales, etcétera. También existen los pies waterproof, resistentes al agua, que permiten sumergirse en una pileta, nadar, ducharse y caminar por suelos mojados y resbaladizos. Están fabricados con materiales que no se oxidan ni se deterioran con el agua.

EL PIE DE JAIPUR

Así se llama el pie protésico que ayudó a caminar a más de un millón de personas en la India. Se entrega en forma gratuita desde 1975 en los hospitales públicos de ese país a personas de bajos recursos. El pie se fabrica con un "corazón" de madera que forma el talón y el tobillo, y tres partes de caucho o goma que se moldean con calor. Luego, se encaja en una pierna de polietileno de alta densidad. Como el caucho es un material barato y abundante en la India, el costo de la prótesis se reduce considerablemente. Las personas pueden volver a sus actividades habituales, como trabajar la tierra (muchos son agricultores), andar por las calles y acercarse al templo a rezar.

Para las amputaciones que llegan al muslo se creó la "rodilla de Jaipur", una articulación policéntrica de excelente diseño.

cómodo para la persona amputada. La elección del tipo de rodilla en combinación con el pie adecuado es fundamental. Depende, nuevamente, del grado de movilidad del paciente, su edad, su peso y su estatura.

30

Para los usuarios con escasa movilidad se recomiendan las rodillas mecánicas. Si la persona es más activa, lo ideal es una rodilla hidráulica o, mejor aún, una rodilla robótica controlada por microprocesadores y sensores, que posibilitan el ajuste automático entre las fases de marcha y descanso, en las que lo que importa es el óptimo apoyo del cuerpo.

Algunas combinan sistemas hidráulicos con un sistema electrónico de supervisión y control que ofrece una amplia cantidad de movimientos y gran estabilidad. La articulación reacciona de forma automática a los cambios que se producen al caminar y adapta su funcionamiento con cada paso, incluso si se aumenta la velocidad de marcha.

En la marcha hay dos fases: la de apoyo con la pierna en el suelo sosteniendo el peso del cuerpo y la de oscilación o extensión, cuando la pierna está en el aire. Las características de estas dos fases cambian con cada persona y deben ser tenidas en cuenta a la hora de elegir una prótesis.

Existen dos tipos de rodillas mecánicas: las de eje sencillo y las de eje policéntrico. Las de eje sencillo son las más simples. Se mueven, pero no tienen control de postura. Por lo tanto, las personas amputadas tienen que hacer mucha fuerza muscular para mantenerse estables cuando están de pie. Para compensar esta inestabilidad se puede añadir un dispositivo que controle la fricción, para que la pierna no avance demasiado rápido, y un sistema de bloqueo manual, para hacer que la rodilla quede extendida cuando la persona detiene la marcha. Solo permite marchar a una velocidad determinada.

Las rodillas de eje policéntrico o de "cuatro barras" tienen un diseño más complejo, con varios ejes de rotación que facilitan la flexión y estabilizan a la persona cuando está parada. Algunas poseen fluidos en su interior que permiten velocidades de marcha variables. Otra característica es que la pierna se acorta cuando se inicia un paso y reduce la posibilidad de tropiezos y caídas. Pueden tener bloqueo manual, automático o activado por el peso, es decir que cuando el peso del cuerpo recae sobre la rodilla, esta no se dobla.

Las rodillas robóticas tienen un sensor integrado que detecta el movimiento y el ritmo. La información se recibe en tiempo real y permite que un procesador, también incorporado a la prótesis, realice los ajustes adecuados. La rodilla tiene distintos modos de acción: uno para uso diario, uno para permanecer un tiempo parado, uno para andar en bicicleta, etcétera. Cada diseño aporta nuevas posibilidades de movimiento.

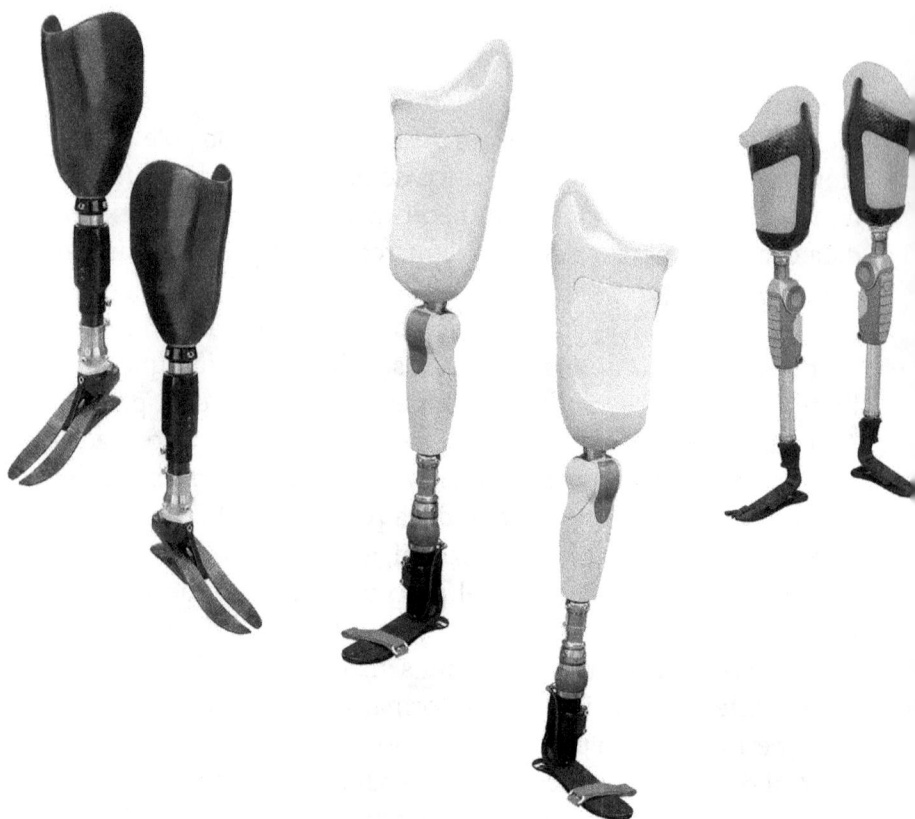

LA HISTORIA DE HUGH HERR

A los 17 años, en 1981, Hugh era considerado uno de los mejores escaladores del mundo. En un accidente que sufrió cuando practicaba este deporte, perdió las dos piernas. Entonces, comenzó a estudiar ingeniería pensando en diseñar piernas que le permitieran volver a escalar montañas. ¡Y vaya si lo logró! Analizó con detalle los movimientos de rodillas, tobillos y pies reales y, luego, creó más de diez modelos de piernas ortopédicas. Además, inventó la primera prótesis de miembro inferior controlada por microprocesadores. Gracias a todo esto, pudo volver a practicar su deporte favorito.

En la actualidad se dedica a diseñar prótesis de alto rendimiento y especificidad. Por ejemplo, en 2016 creó una prótesis para Adrianne Haslet Davis, una bailarina profesional que había perdido una pierna tras los atentados de la Maratón de Boston, en 2013. ¡Y Adrianne pudo volver a bailar!

"Ojalá este reconocimiento arrojase luz sobre la misión global para acabar con la discapacidad humana en el siglo XXI a través de los continuos avances en la biónica", dijo Hugh Herr al recibir un premio por su labor y, luego, afirmó: "A través de la innovación tecnológica, regresé más fuerte y con más habilidades al deporte. Con piernas biónicas puedo ponerme de pie, caminar, correr y saltar. Damas y caballeros, bienvenidos a la edad biónica".

Prótesis robóticas
de pierna.

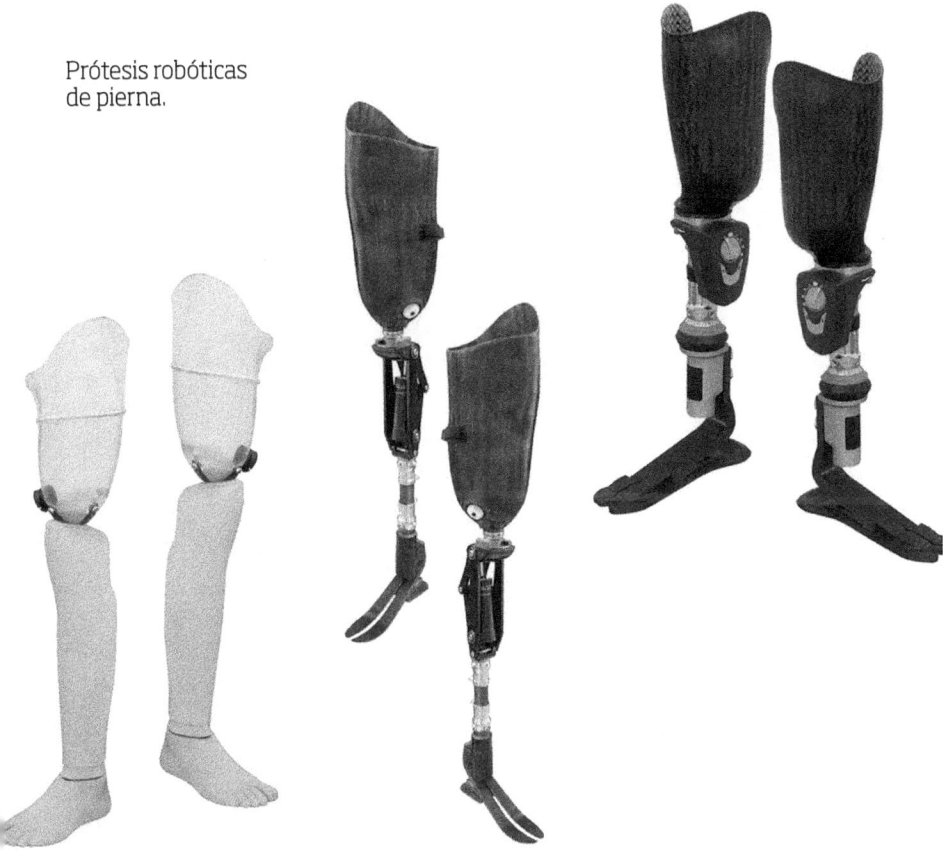

EL FUTURO DE LAS PRÓTESIS ORTOPÉDICAS

Las prótesis ortopédicas son apenas un ejemplo de lo que pueden hacer los ingenieros biomédicos en colaboración con médicos, fisioterapeutas y otros profesionales de la salud para mejorar la calidad de vida de los seres humanos. Pero no olvidemos que también hay prótesis auditivas, oculares, faciales, sexuales y dentales. Todas ellas tienden a que el usuario pueda realizar sus actividades cotidianas de manera independiente y confortable, y que se sienta psicológicamente satisfecho. Los diseños, desarrollos y materiales cambian día tras día y nos sorprenden gratamente.

INTEGRADOS A NUESTRO CUERPO

El mundo de los implantes

¿Quién hubiera pensado hace apenas unos años que cierto tipo de prótesis podían ser implantadas en nuestro cuerpo e integrarse a él para corregir alguna falla? Los implantes son, justamente, dispositivos o prótesis creados por ingenieros biomédicos que se incorporan al cuerpo y tienen como finalidad mejorar o reemplazar alguna estructura biológica. Están hechos con materiales diferentes de los biológicos: titanio, acero, zirconio, silicona, plásticos diversos, materiales electrónicos, etcétera. Esto es una diferencia con los trasplantes, en los que sí se incorporan órganos o tejidos que provienen de donantes. Cada implante es una pieza biocompatible. ¿Qué significa esto? Que debe estar sometida a severos controles sanitarios para evitar que nuestro cuerpo la rechace o que produzca una infección. Hay distintas maneras de clasificar los implantes, pero se acepta que algunos ofrecen poco riesgo para el paciente, como la inserción de un dispositivo subcutáneo, y otros, en cambio, tienen un riesgo alto, como las válvulas cardíacas o los implantes de estimulación cerebral.

LOS IMPLANTES ÓSEOS

Existen numerosas enfermedades que generan defectos óseos y articulares, desde una fractura hasta procesos de artritis y artrosis. Estas patologías suelen ser invalidantes, es decir, limitan en mayor o menor grado la movilidad de la persona afectada.

Desde tiempos remotos existen procedimientos médicos para curar y mejorar estas afecciones. Las primeras prácticas tienen que ver con inmovilizar miembros fracturados, corregir defectos con corsés y distintos aparatos externos al cuerpo. Los yesos, por ejemplo, se usan desde la Edad Media. Pero los avances más importantes se dieron a partir del descubrimiento de la anestesia y la asepsia en el siglo XIX, que permitieron nuevas prácticas quirúrgicas. Sin embargo, "el gran salto" en materia de recomposición y curación de huesos y articulaciones ocurrió en el siglo XX. La evolución de la tecnología y el empleo de nuevos materiales para la fabricación de implantes dieron lugar a tratamientos cada vez más efectivos para muchas afecciones. Pero ninguno de ellos hubiera sido posible sin el desarrollo de tres técnicas de diagnóstico: los rayos X primero y la tomografía computada y la resonancia magnética nuclear después, procedimientos que abordaremos en el próximo capítulo de este libro.

EL TRATAMIENTO DE FRACTURAS

El tejido óseo que forma nuestros huesos tiene la capacidad de regenerarse. Cuando un hueso se fractura, con el tiempo se

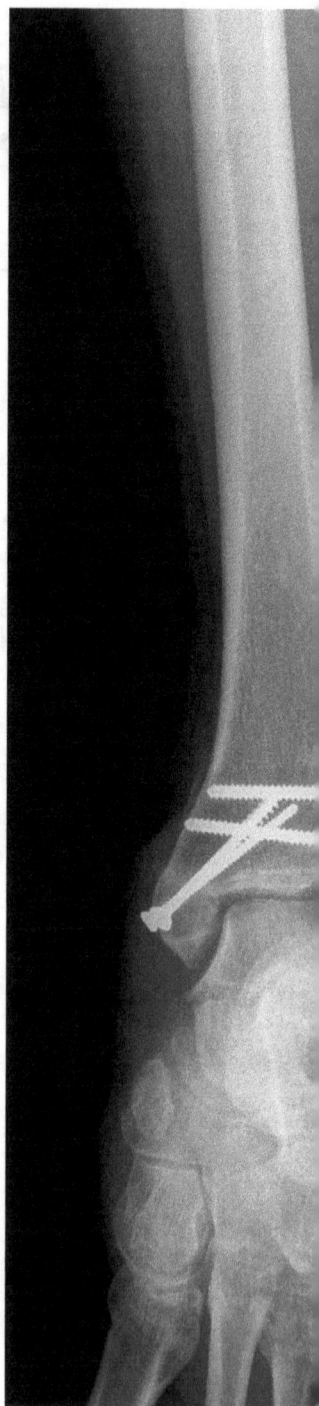

36

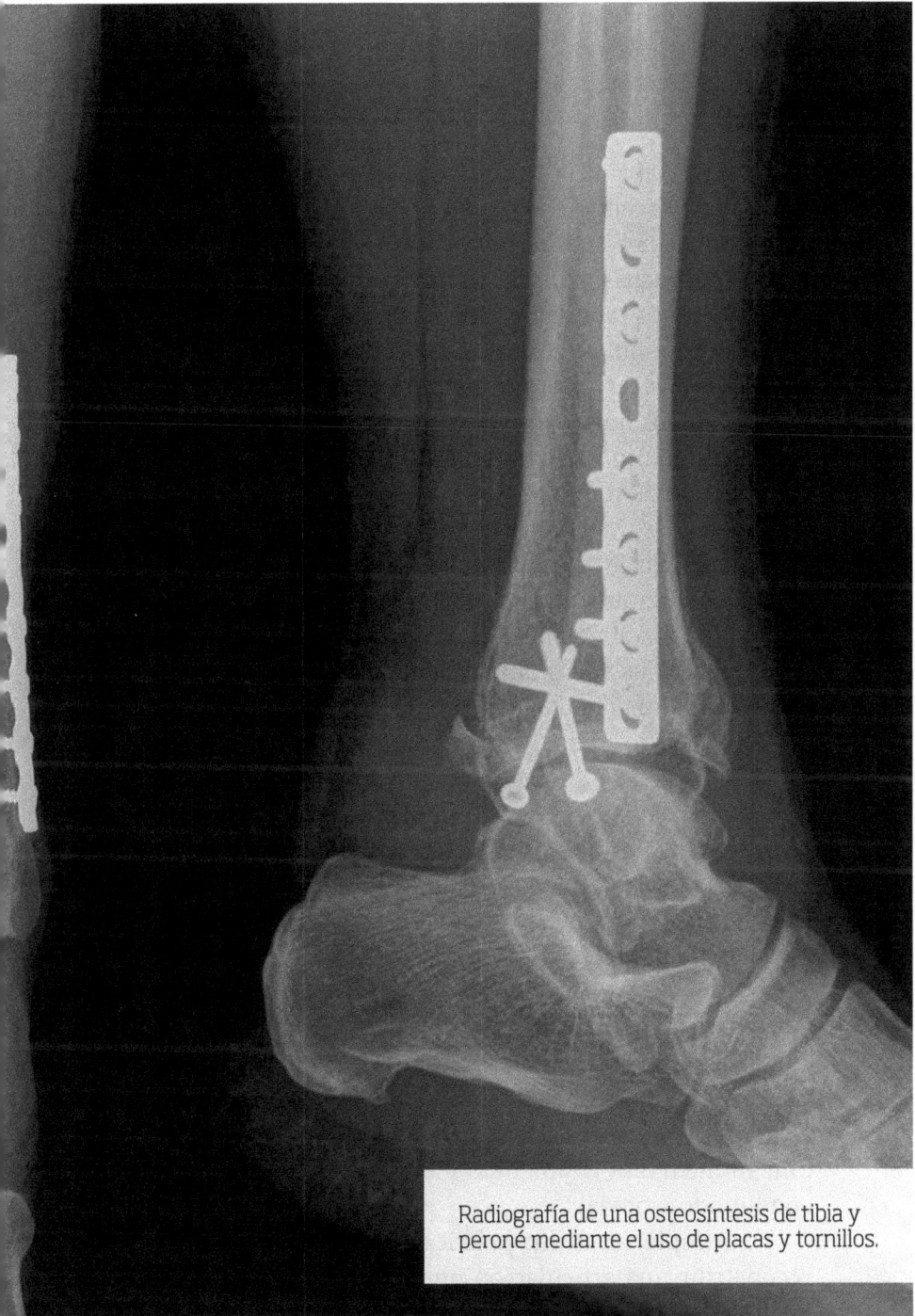

Radiografía de una osteosíntesis de tibia y peroné mediante el uso de placas y tornillos.

Esquema de prótesis para
reemplazo de cadera.

genera nuevo tejido óseo que lo repara. Para ayudar en ese proceso, lo más habitual es inmovilizar la zona por un tiempo acotado. Hay muchas maneras de hacerlo, pero los yesos, las férulas, los *walkers* y los cabestrillos son algunos de los dispositivos que se usan con este fin, de acuerdo, obviamente, con la zona afectada.

Muchas veces, además de la fractura se producen desplazamientos de los fragmentos óseos. Algunos pueden reacomodarse mediante maniobras que realiza el médico antes de inmovilizar. Pero otros requieren una osteosíntesis o cirugía que reubica los huesos mediante el uso de elementos metálicos. Estos pueden ser placas, tornillos, clavos, agujas, cierres o ajustes con alambres que quedan para siempre en el hueso o pueden ser removidos con el tiempo. Generalmente son de acero quirúrgico, pero también hay de titanio y de materiales más biocompatibles, como los polímeros del ácido poliláctico, que se reabsorben y no necesitan ser retirados.

38

Una rama de la bioingeniería, denominada ingeniería de tejidos óseos, investiga el uso de implantes de matrices biodegradables y no tóxicas que promueven la regeneración de los huesos cuando se fracturan. Estas matrices son estructuras que facilitan la adhesión celular favoreciendo el crecimiento y la diferenciación de los tejidos hasta que se forma el nuevo hueso.

LA ARTROPLASTIA

Las articulaciones son estructuras anatómicas que permiten la unión entre dos huesos y están formadas por cartílagos que recubren las partes óseas que se articulan. En algunos casos se estabilizan mediante ligamentos y están rodeadas por una cápsula con líquido sinovial.

La artroplastia es una práctica quirúrgica que tiene por objeto reconstruir una articulación que se fracturó o que, por alguna enfermedad, está muy deteriorada y no resulta funcional. ¿En qué

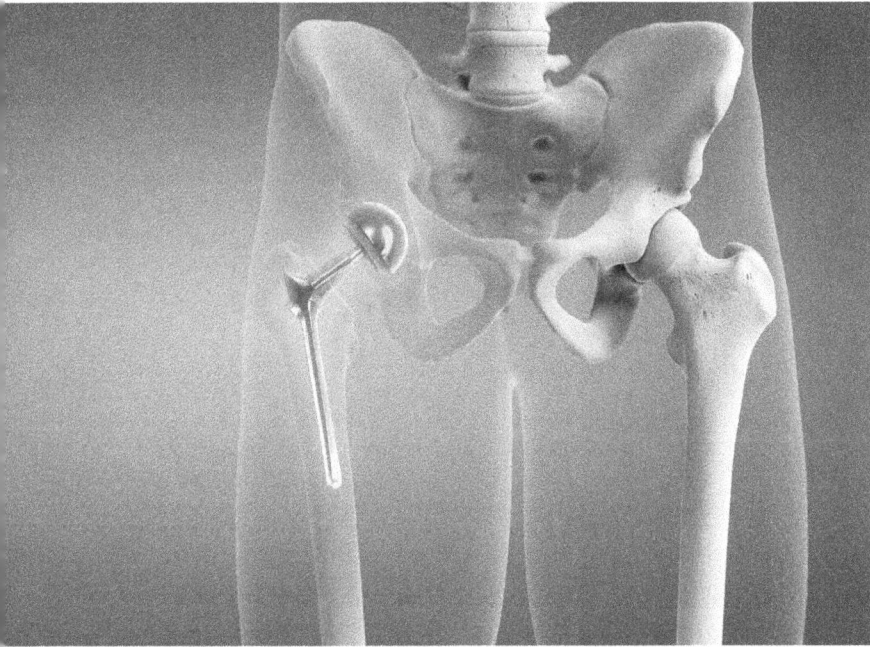

consiste? Se retira la articulación lesionada y se reemplaza por una artificial. Este implante permite que la persona recupere la funcionalidad de esa articulación y no sienta dolor. Las intervenciones más habituales que se realizan en las extremidades superiores son las de hombro y codo, y en las inferiores, las de cadera y rodilla.

Uno de los aspectos más importantes de este tipo de práctica médica consiste en la correcta elección de la prótesis ósea a implantar. Los materiales con que están hechas varían según la clase de articulación que se quiere reemplazar y la función que cumple en el cuerpo. Por ejemplo, las articulaciones de la cadera tienen que ser fuertes y resistentes para soportar el peso corporal, lo mismo que las de la rodilla, que a la vez tienen que ser flexibles. Las del codo, en cambio, basta con que tengan buena resistencia y flexibilidad, pero no tienen que soportar peso. Estos dispositivos deben ser durables y no generar rechazo.

Las articulaciones artificiales de cadera y rodilla suelen tener una parte metálica de acero inoxidable, titanio, cromo o aleaciones de cobalto, y otra parte de polietileno. Las más recientes se hacen con zirconio, un metal especial que, al oxidarse, crea sobre él una

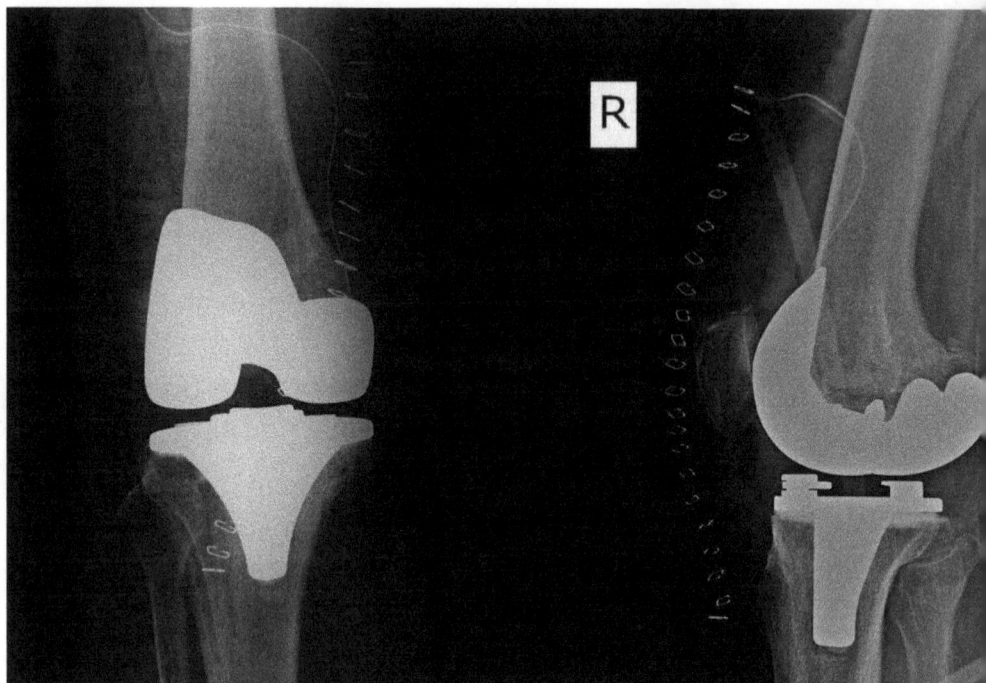

superficie cerámica lisa y resistente. La prótesis fabricada con este material es mucho más duradera que la de los metales convencionales. El implante puede ser cementado o no. El primer tipo es recomendado para personas mayores poco activas, aunque ahora también se ha difundido entre personas más jóvenes y activas. Se usa un cemento especial que mantiene la prótesis en su lugar. En el segundo tipo, las partes de la prótesis que entran en el hueso están revestidas de un material poroso que ayuda al crecimiento del tejido óseo y su adhesión. Algunos cirujanos usan una combinación de ambos métodos de sujeción.

LOS IMPLANTES DENTALES

¿Cómo encontrar una manera de sustituir un diente perdido? Los dientes tienen como función principal triturar los alimentos, pero también contribuyen a la emisión de sonidos y dan un aspecto agradable y armonioso al rostro.

La pérdida de los dientes es una situación que preocupa a los seres humanos desde hace mucho tiempo. La historia de los reemplazos de piezas dentarias se remonta a la Antigüedad. La prótesis dental fija más antigua que se conoce fue realizada por los etruscos

En la artroplastia total de rodilla, la superficie del fémur se sustituye por un componente metálico contorneado diseñado para que se adapte a la curva del hueso propio. La superficie de la tibia suele sustituirse por un componente metálico plano y un componente de plástico liso que hace las veces de cartílago. La superficie inferior de la rótula también puede reemplazarse con un implante de plástico o una combinación de metal y plástico.

en el siglo iv a.C. con dientes de animales montados sobre bandas de oro. Se conserva en el Museo de la Escuela Dental de París.

Hasta aproximadamente el siglo xv, otros pueblos también se dedicaron a producir prótesis con oro blando, marfil, madera, dientes naturales cadavéricos, etcétera. Recién a fines del siglo xviii se fabricaron las primeras prótesis con dientes de porcelana. También se elaboraron dientes aislados de este material que se sujetaban con un clavo o un alambre de oro o plata. Con el tiempo, estos metales fueron reemplazados por caucho y, ya en el siglo xx, por un material llamado hidrocoloide y, luego, por resinas acrílicas.

Durante la Primera Guerra Mundial, en los hospitales militares se practicó la inserción de tornillos, placas y clavos para resolver traumas vinculados con la dentadura, pero la mayoría de los intentos no fueron satisfactorios. Más tarde, en 1932, comenzó el uso de un nuevo material desarrollado por Albert W. Merrick para fabricar implantes: una aleación de cobalto, cromo y molibdeno llamada vitallium.

Los diseños de vitallium, y también de tantalio y titanio (materiales de baja toxicidad o bien toleradas por nuestro cuerpo), se fueron perfeccionando hasta que, en la década de 1960, el cirujano sueco Per-Ingvar Brånemark (1929-2014) realizó con éxito el primer implante de un tornillo de titanio en un voluntario. Este material se integra adecuadamente al hueso maxilar, es decir, tiene una buena oseointegración. Luego, se fija el diente postizo al tornillo, que funciona como la raíz de la pieza dental.

En 1982 comienza la implantología moderna. Los implantes actuales son cómodos, precisos y duraderos. ¿Cuáles son los pasos para realizar un implante dental? El odontólogo tiene que extraer el diente dañado y asegurarse de que el paciente tiene, en el lugar de la pieza perdida, el hueso maxilar de tamaño y calidad óptimos. Si esto no fuera así, existen procedimientos para regenerar el hueso faltante con una porción de hueso propio o de algún biomaterial.

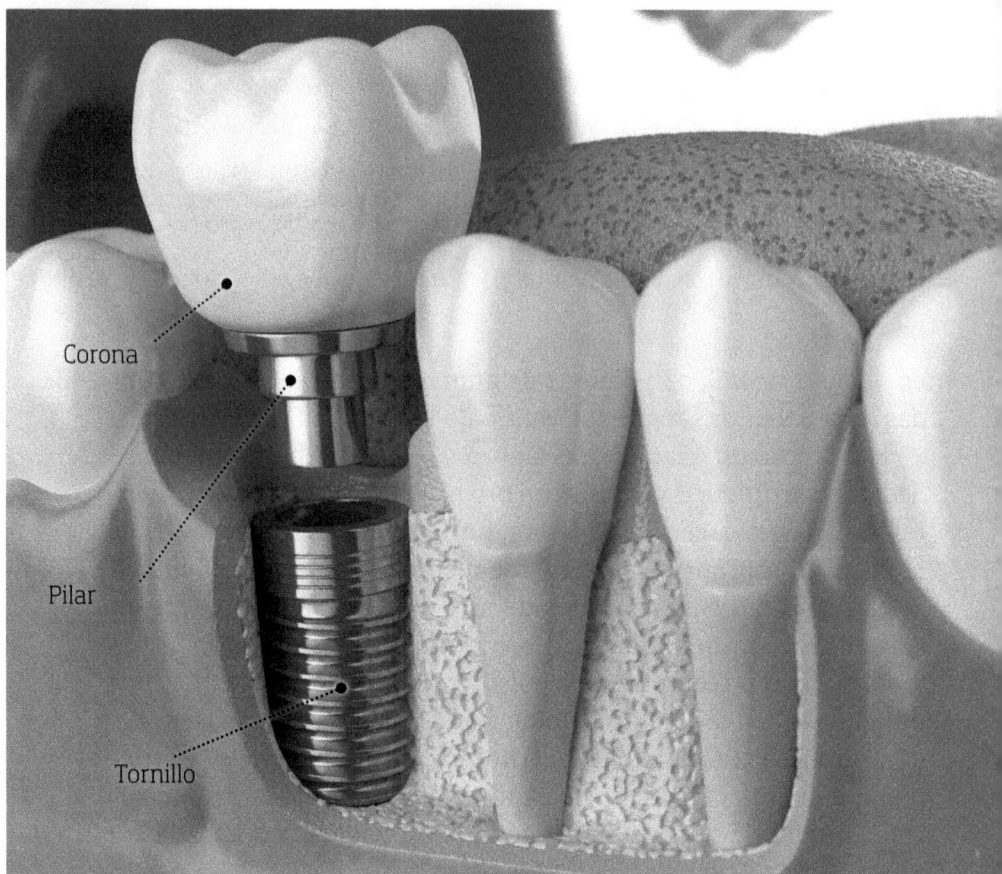

Corona

Pilar

Tornillo

Luego se realiza una cirugía en la que se coloca el implante (tornillo) en el hueso y se espera uno o varios meses para que se produzca la oseointegración, de modo que el tornillo quede bien fijo al maxilar. Cuando este proceso está completo, se realiza otra intervención para colocar el pilar metálico donde luego se fija la corona. A veces, tornillo y pilar se colocan juntos. Finalmente, cuando las encías han cicatrizado, se toman los moldes o impresiones para hacer la corona o diente artificial que se fija al pilar, por lo general, con cemento.

¿Con qué materiales se hace un implante? Durante varios años los implantes dentales se fabricaron con titanio. Sin embargo, desde 2015 se están empleando nuevos materiales. Uno de ellos es el zirconio, un material cerámico de alta resistencia e inerte, lo que evita alergias. Además, no desprende partículas metálicas ni se oscurece ni mancha las encías como sucede con el titanio. También se han desarrollado recubrimientos osteoinductores para implantes dentales que facilitan el proceso de oseointegración.

A la izquierda: piezas de un
implante dental actual.

IMPLANTES DESDE UN CELULAR

¿Un GPS para colocar un implante? Algo así es el implante guiado 5G o implante asistido por un sistema de navegación en tiempo real. En un congreso en Barcelona en 2019, un cirujano realizó desde su celular una cirugía ultraprecisa a un paciente situado en un hospital de esa ciudad y logró colocarle un implante dental. Previamente había realizado estudios (tomografías computadas) para analizar milimétricamente la zona en la que se realizaría el procedimiento. Luego, realizó la cirugía con el navegador X Guide (basado en el mismo sistema que el GPS). Mediante el *software* se ven en una pantalla tanto el punto de entrada como el ángulo y la profundidad a medida que se va incorporando el implante al maxilar. Este tipo de cirugía guiada es más preciso, menos invasivo y con más rápida recuperación que la cirugía convencional.

LA BOMBA EXTRACORPÓREA
Y LOS IMPLANTES CORONARIOS

Antes de explicar qué implantes pueden colocarse en el corazón, hablaremos brevemente de las cirugías cardiovasculares. "Más de dos mil años para recorrer tres centímetros" es la frase utilizada por los médicos cuando hablan de ellas. Y es que nuestro corazón se encuentra a tres centímetros de la piel. Sin embargo, las primeras cirugías de este órgano fueron realizadas recién en las primeras décadas del siglo XX, aunque "el gran salto" se produjo en 1953, de la mano de un hito de la biomedicina: el diseño y la puesta en uso de la máquina corazón-pulmón, que permite la circulación extracorpórea. ¿En qué consiste? Como su nombre lo indica, esta máquina asume las funciones del corazón y de los pulmones, ya que hace circular la sangre por el cuerpo, desde el exterior, al mismo tiempo que la oxigena.

Aunque un poco más sofisticada, la máquina corazón-pulmón o bomba extracorpórea tiene, en la actualidad, características similares a la desarrollada en 1953. Consta, precisamente, de una bomba que cumple la función del corazón, y un oxigenador que reemplaza la función de los pulmones. Suele tener también

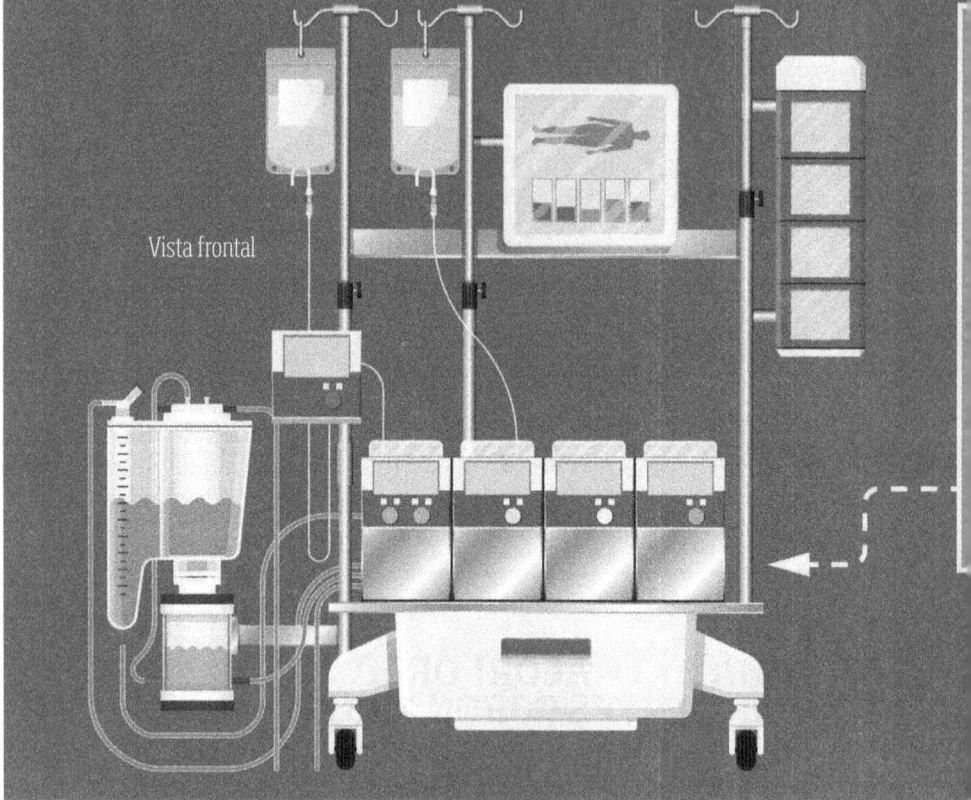

Vista frontal

un primer depósito, llamado reservorio de cardiotomía, al que llega la sangre de los vasos sanguíneos para ser filtrada. Allí se pueden agregar fármacos o fluidos. También se incorpora al oxigenador un intercambiador de calor o sistema de hipotermia. Su función es controlar la temperatura corporal manteniéndola, por lo general, más baja que lo normal para que el consumo de oxígeno disminuya.

Durante una cirugía cardiovascular, la sangre, que tendría que llegar al corazón, es desviada hacia una cámara de la bomba y pasa al oxigenador, donde, precisamente, es oxigenada. Luego, es conducida nuevamente a las arterias del paciente y continúa su recorrido. Terminada la cirugía, el corazón se reinicia y se quita la máquina.

La bomba extracorpórea incrementó las posibilidades de realización de cirugías a "corazón abierto". Así, se pueden corregir malformaciones congénitas del corazón, recambiar y reparar

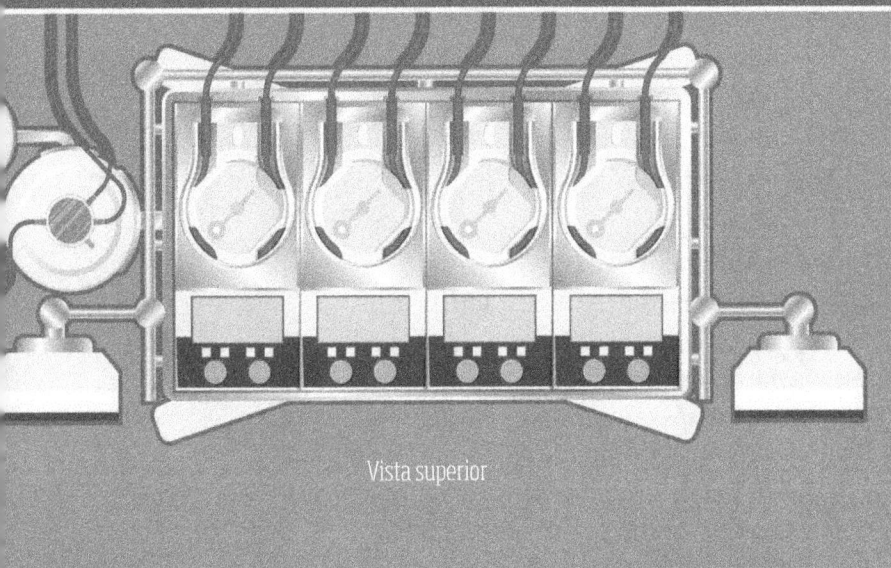

Vista superior

1953: UN AÑO PARA RECORDAR DE CORAZÓN

Mientras el neozelandés Edmund Hillary y el nepalés Tenzing Norgay hicieron cumbre en el monte Everest, James Watson y Francis Crick dilucidaron la estructura del ADN a partir de los estudios de Rosalind Franklin, John Gibbon realizó la primera cirugía cardíaca con circulación extracorpórea. Fue en el Hospital de la Universidad Thomas Jefferson, de Filadelfia, a una mujer de 18 años llamada Cecilia Bavolek. La máquina funcionó 26 minutos reemplazando el corazón y los pulmones de Cecilia.

válvulas cardíacas, realizar *bypass* de las arterias coronarias, reemplazar la arteria aorta torácica, realizar trasplantes de corazón, etcétera. Además, es la base para el diseño de distintos tipos de corazón artificial.

Implante de una válvula aórtica artificial
durante una cirugía a corazón abierto.

LAS VÁLVULAS CARDÍACAS

Las válvulas cardíacas cumplen la función de regular la entrada y salida de sangre hacia y desde el corazón. Las causas por las que estas válvulas se lesionan son diversas: causas congénitas que ocurren en la vida fetal, daños producidos por algunas enfermedades, como la fiebre reumática, y lesiones degenerativas propias de la vejez. Cuando se producen estas alteraciones, las válvulas suelen estrecharse o "pegarse" (se estenosan) y la sangre no fluye normalmente, sino que lo hace en dirección errónea o de manera inadecuada, lo que puede provocar una insuficiencia cardíaca, leve, moderada o severa.

En los casos en los que está en riesgo la vida o las condiciones impiden llevar una vida razonablemente normal, se realiza una cirugía a corazón abierto, con bomba extracorpórea, para reconstruirla o reemplazarla por una prótesis valvular mecánica o biológica.

Existen dos tipos básicos de prótesis valvulares: las mecánicas y las biológicas.

• Mecánicas. Se fabrican con materiales como plástico, metal o, de preferencia, carbón pirolítico. Este último es un material duro como el diamante que no genera coágulos y resulta muy duradero. De todos modos, las

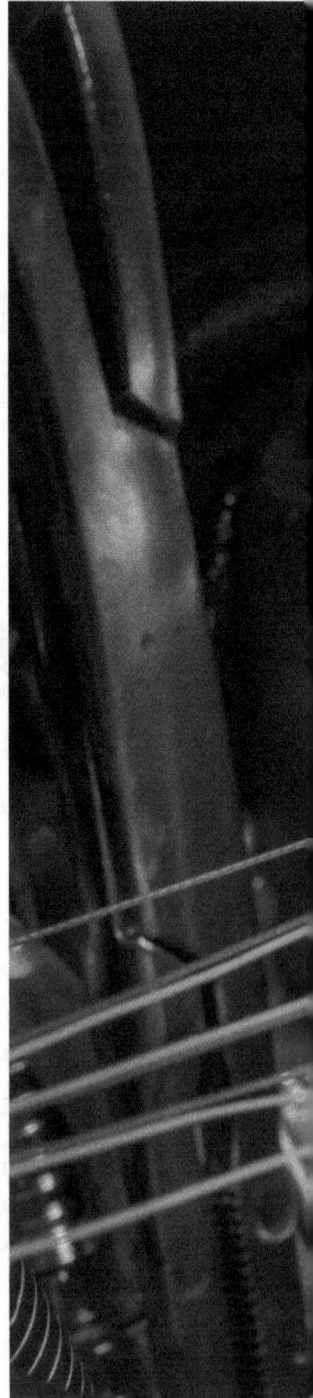

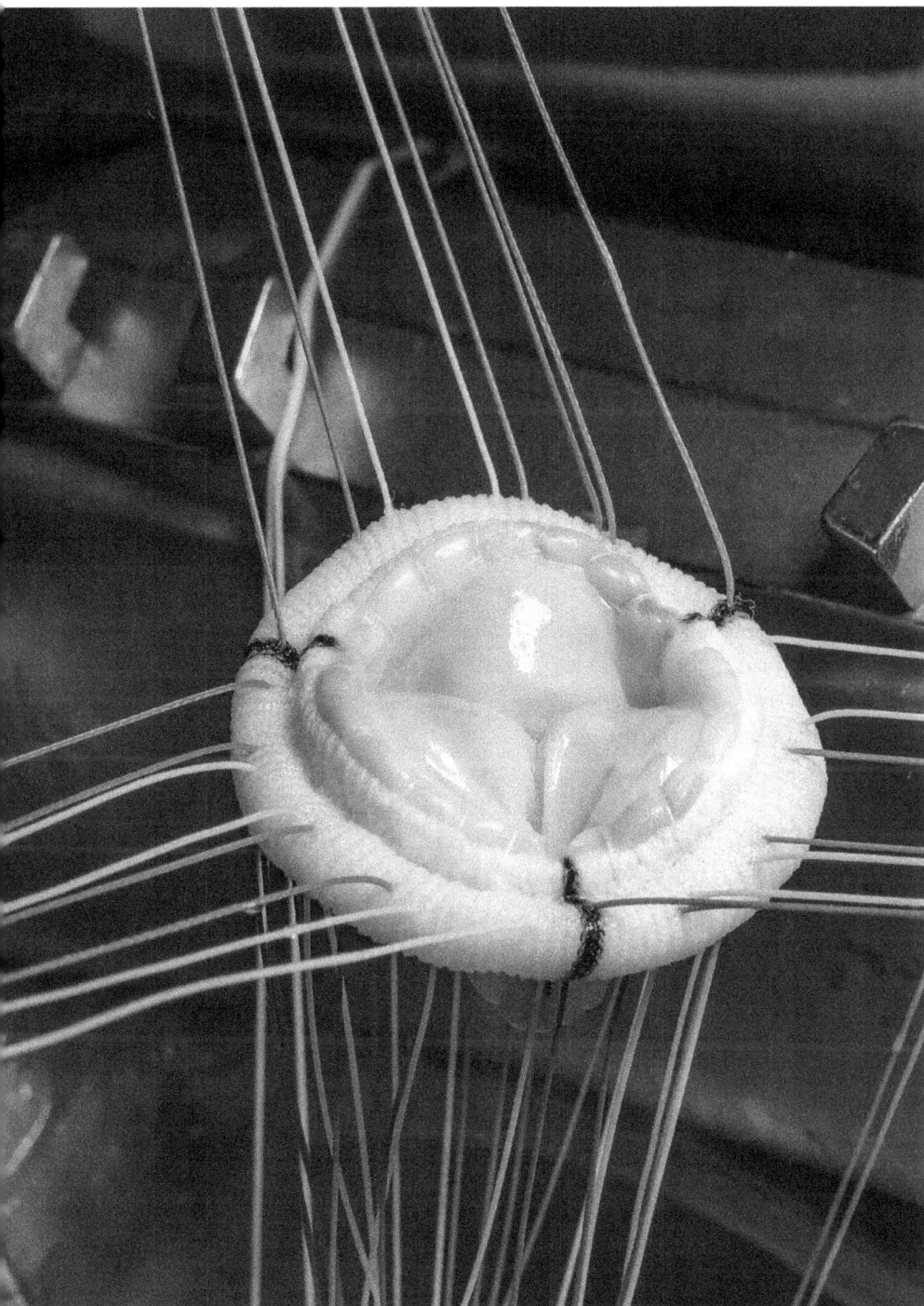

Esquema en el que se muestran los pasos
de la angioplastia con colocación de *stent.*

personas operadas deben recibir anticoagulantes orales para
evitar el taponamiento de la válvula implantada.
- Biológicas. Están elaboradas con tejido humano o animal y
resultan ideales para personas que practican deportes de alto
riesgo, que no quieren tomar anticoagulantes, que son muy
ancianas, que son mujeres y quieren tener hijos, etcétera.
Se pueden fabricar con una válvula de cerdo, con tejido
cardíaco de vaca o con una válvula de cadáver humano. Las
dos primeras se montan sobre un anillo de un material inerte.
Duran menos que las válvulas mecánicas.

A partir de 2002 se han desarrollado los implantes percutáneos
de prótesis aórticas. Se colocan sin cirugía a través de la arteria
femoral, sobre todo en pacientes con mucho riesgo o que no quieren operarse. Estos implantes pueden ser de nitinol (una aleación
de cobalto y titanio) o de acero.

OBSTRUCCIÓN DE LAS ARTERIAS CORONARIAS: DEL *BY PASS* A LOS *STENTS*

Intentemos apretar la muñeca de una mano con los dedos
de la otra, de manera que registremos lo que ocurre. En poco
tiempo, la mano afectada cambiará de color, dolerá y quizás nos
cueste moverla. Será necesario dejar de apretarla para que recupere su funcionalidad.

Si por algún motivo un órgano de nuestro cuerpo no recibe la
irrigación sanguínea suficiente, sus tejidos no son oxigenados,
no le llegan nutrientes y no pueden eliminar los desechos que
producen. Esta situación, prolongada en el tiempo, concluye con
la muerte de ese órgano. Si esto ocurre en el corazón, deja de
latir y la persona muere.

Las arterias coronarias irrigan el corazón y garantizan su
supervivencia. Mantenerlas "destapadas" para evitar un infarto es

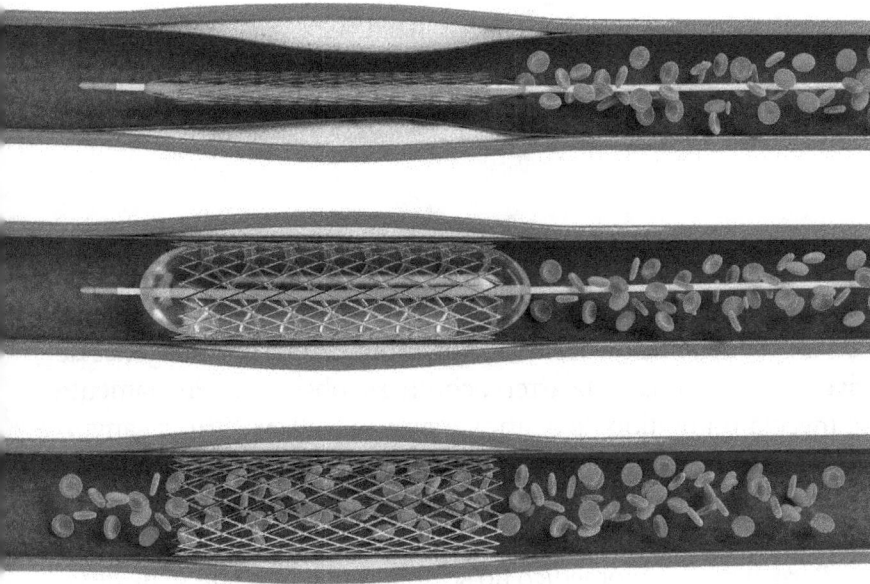

la principal preocupación de los cardiólogos en la actualidad. De este modo, si se obstruyen, se hace necesaria su revascularización.

La primera cirugía con este fin fue realizada en los Estados Unidos por los cirujanos Robert Goetz (1910-2000) y Michael Rohman (1925-2002), en 1960. La técnica se denomina *bypass* coronario y se realiza a corazón abierto, con circulación extra-corpórea. Fue perfeccionada por el cardiocirujano argentino René Favaloro (1923-2000), en 1967.

Por lo general, el *bypass* coronario consiste en reemplazar la arteria coronaria obstruida por una porción de otra arteria o vena, por ejemplo, la vena safena del muslo. Un extremo se une a la arteria aorta para asegurar el suministro de sangre y el otro, a una parte del corazón donde la arteria original ya no esté obstruida. Estrictamente esta técnica no es un implante, sino un autotrasplante, ya que no se usa ningún dispositivo externo ni ajeno a nuestro cuerpo.

Aunque este tipo de cirugía se sigue realizando, su práctica ha disminuido considerablemente porque se ha inventado un procedimiento menos invasivo y de muy buenos resultados: la angioplastia.

En 2019 se creó en Israel un corazón artificial con una impresora 3D y tejido humano, que late con normalidad, similar al que se ve en la foto, pero de 3 centímetros de largo.

La angioplastia se utiliza para abrir las arterias coronarias estrechas o bloqueadas. El médico introduce en una arteria (por ejemplo, la femoral que está en la ingle) un tubo flexible o catéter con un pequeño balón desinflado en la punta que, con imágenes de rayos X, lo guía hasta la arteria coronaria obstruida. Previamente se inyecta un líquido de contraste para visualizar el flujo sanguíneo en esa arteria. Cuando el catéter llega hasta la zona bloqueada, el balón se infla y el vaso recupera su diámetro, de modo que se restablece el flujo sanguíneo.

Pero el avance biomédico no se quedó allí, sino que se ha desarrollado un implante llamado *stent*. Es un pequeño tubo de malla de metal que se puede introducir junto con el balón o una vez que la arteria haya recuperado su diámetro. Cuando llega al lugar estrecho de la arteria, se expande e impide que esta se bloquee nuevamente. Existen *stents* liberadores de fármacos que ayudan a mantener el diámetro arterial a largo plazo.

50

EL CORAZÓN ARTIFICIAL

Las cirugías cardiovasculares se desarrollaron asombrosamente en los últimos años del siglo xx y, en especial, en el siglo xxi. Gracias a los enormes avances médicos y tecnológicos, es posible realizarlas incluso en fetos, es decir, dentro del vientre materno. Sin embargo, hay patologías coronarias tan complejas que la única alternativa posible es el trasplante de corazón. En general, cuando un paciente llega a esta instancia, se lo apunta en una lista para recibir la posible donación del órgano proveniente de un donante fallecido. Pero a veces esto no sucede dentro del plazo de tiempo necesario y, mientras tanto, es necesario mantener al paciente con vida. También existen ciertas situaciones en las que una persona no puede recibir un trasplante. En esos casos se recurre al implante de un dispositivo de asistencia cardíaca o un corazón artificial total.

En 1966, el equipo del cardiocirujano argentino Domingo Liotta (1924-) utilizó un corazón artificial, un dispositivo de asistencia ventricular (LVAD) que se colocaba fuera del cuerpo, en un paciente muy grave que había tenido un paro durante una cirugía cardiovascular. Ese paciente falleció, pero un segundo intento en otra persona en la misma situación permitió que sobreviviera hasta recibir el corazón de un donante. El dispositivo desarrollado por Liotta estaba hecho de dacrón (un tipo de poliéster artificial), pesaba 227 gramos y se unía por varios tubos a una consola de control en la cabecera de la cama del paciente.

Tres años más tarde, los doctores Domingo Liotta y Denton Cooley (1920-2016) le implantaron dentro del pecho este dispositivo a un hombre moribundo que se despertó y sobrevivió hasta recibir el trasplante cadavérico. Esta segunda cirugía tuvo múltiples complicaciones y el paciente finalmente murió. ¿Habría sobrevivido si se hubiera mantenido el LVAD? Es algo que nunca podremos contestar.

*El primer corazón artificial fue inventado
en 1963 por Paul Winchell, un ventrílocuo
estadounidense, y perfeccionado en la década
de 1980 por Robert Jarvik.*

Cuando se quiere implantar un corazón artificial total (TAH), es necesario quitar el corazón real del paciente y reemplazarlo, tal como se hace en cualquier trasplante humano.

El primer corazón artificial fue inventado en 1963 por Paul Winchell (1922-2005), un ventrílocuo estadounidense, y perfeccionado en la década de 1980 por Robert Jarvik (1946-), quien desarrolló varios modelos. Sin embargo, los pacientes no sobrevivieron mucho tiempo con ese tipo de corazón. La persona que más sobrevivió con uno de ellos fue William Schroeder: estuvo con vida 6.320 días. Por eso su uso es muy restringido y se limita a pacientes que están esperando un donante.

Las investigaciones no se detienen. La impresión 3D ha renovado la esperanza de crear corazones artificiales funcionales por un tiempo prolongado. Lo novedoso es que se están haciendo con esta técnica, pero con tejido humano. Todo indica que así serán los implantes de corazón en un futuro no tan lejano (ver más adelante).

52

CORAZÓN EN UNA MOCHILA

Charles Okeke sufrió a los 30 años un serio problema cardíaco. Recibió la donación de un corazón, pero 10 años después lo rechazó. A punto de morir, lo conectaron a un corazón artificial y pasó dos años en un hospital conectado a esta máquina. Hasta que en 2010 los médicos fueron autorizados a conectarlo a un pequeño corazón artificial externo, que Charles podía llevar en una mochila. Así, pudo salir del hospital y hacer su vida normal, hasta que en 2011 apareció un donante compatible y le hicieron otro trasplante de corazón.

Corazón robótico inteligente.

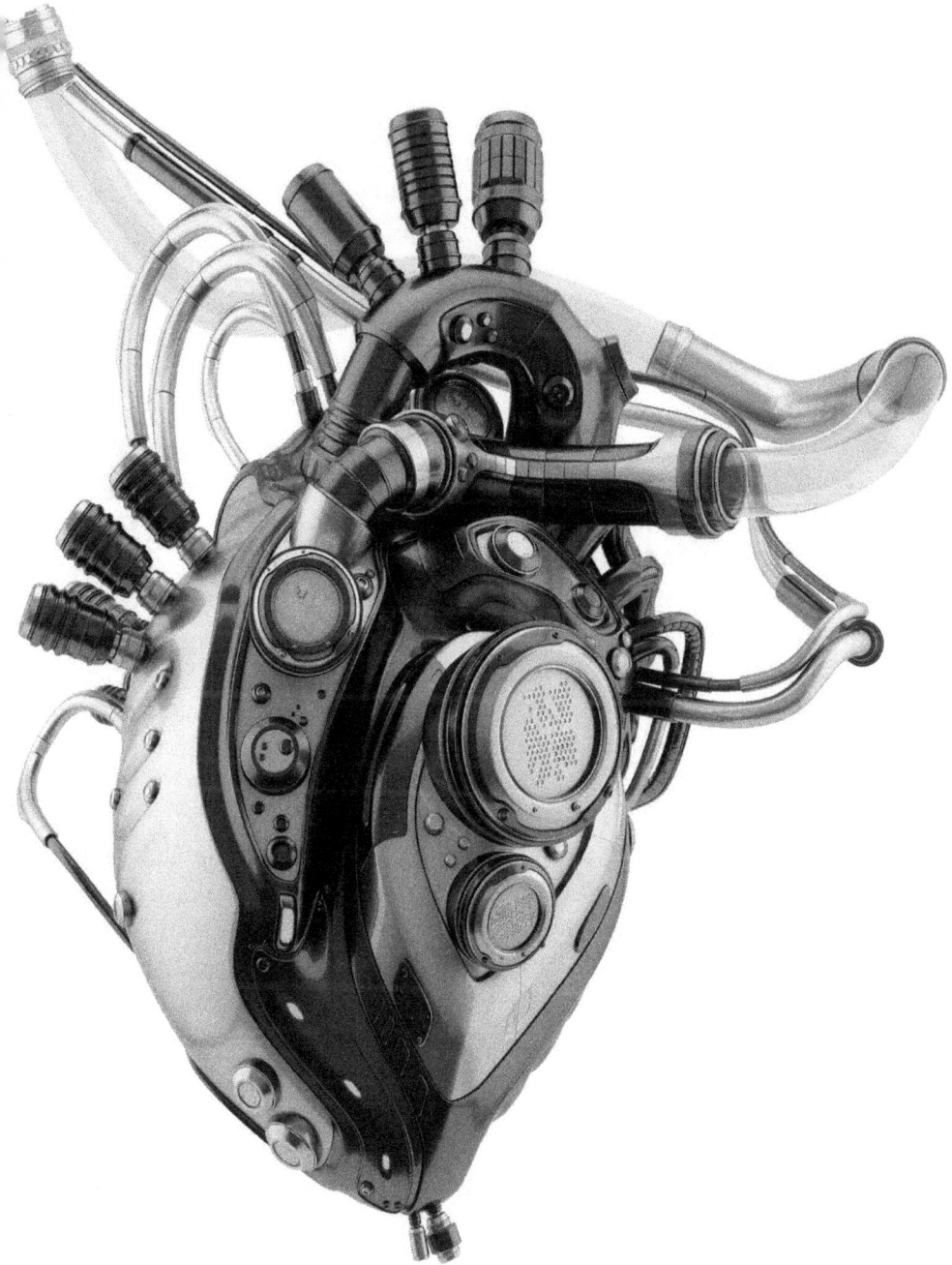

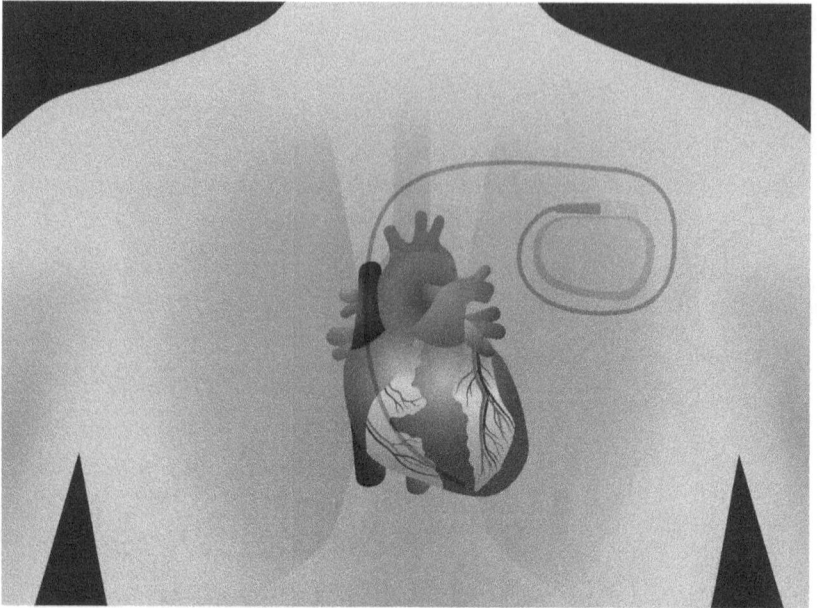

54

EL MARCAPASOS

Mucho menos espectacular que un corazón artificial es un pequeño implante que se coloca debajo de la piel y que ayuda a regular los latidos del corazón, sobre todo en aquellos pacientes que tienen una frecuencia cardíaca (cantidad de latidos por minuto) muy baja. Se trata del marcapasos, un pequeño dispositivo electrónico que funciona a batería.

Un marcapasos consta de dos partes: el generador de pulso y los electrodos. El primero (el que se implanta debajo de la piel) es el dispositivo electrónico que regula la frecuencia cardíaca enviando pequeños impulsos eléctricos al corazón. Tiene un pequeño recipiente interno que alberga la batería que lo hace funcionar. Este dispositivo está conectado a los electrodos, dos o tres cablecitos diminutos que se colocan dentro del corazón y llevan las señales eléctricas hasta este órgano para regular su contracción y relajación.

Hay marcapasos que tienen sensores que detectan si el cuerpo está realizando actividad física y envían señales para que se incremente la actividad cardíaca. También se están desarrollando marcapasos sin electrodos.

La colocación de un marcapasos se realiza mediante una cirugía sencilla. Una vez implantado, funciona solo cuando es necesario, es decir, cuando los latidos del corazón son "desparejos" o demasiado lentos.

LOS IMPLANTES AUDITIVOS
Y LOS AUDÍFONOS

Mejorar la calidad de vida de las personas que padecen alguna afección física es uno de los principales propósitos de todos los profesionales de la salud. Y mejorar la vida de las personas que han perdido total o parcialmente la audición no es la excepción. ¿Qué avances tecnológicos se desarrollaron para conseguirlo? Hasta el siglo xvii, la ayuda para las personas con audición disminuida se limitaba al uso de cuernos y trompetas que amplificaban y dirigían los sonidos, lo que permitía que escucharan apenas un poco más fuerte y claro.

55

Recién en el siglo xix, luego de la invención del teléfono, se comenzaron a fabricar los audífonos, dispositivos que amplifican y modifican los sonidos para permitir una mejor comunicación. Básicamente, reciben las ondas sonoras a través de un micrófono y las convierten en señales eléctricas que son percibidas por el usuario. Los primeros audífonos tenían un micrófono de carbón y, a veces, más de uno. El primer audífono que podía llevarse de un lugar a otro tenía una parte que se colocaba en la oreja y una valijita. Se llamaba Akouphone y comenzó a usarse en 1899.

A principios del siglo xx se inventó el amplificador electrónico de bulbos o tubos de vacío y fue aplicado a la fabricación de nuevos modelos de audífonos, que ganaron potencia y eficiencia. Además, se fueron haciendo más pequeños y portables hasta que, a partir de 1952, los bulbos fueron reemplazados por transistores. Entre 1960 y 1980 se crean los audífonos intrauriculares.

Ya a fines de siglo aparecieron los primeros audífonos digitales (con microprocesadores), que fueron revolucionarios frente a sus antecesores: más funcionales y eficientes, a la vez que pequeños, livianos y estéticos.

LOS *BALDY PHONES*

Nathaniel Baldwin (1878-1961) tuvo, desde chico, mucha imaginación y capacidad inventiva. Estudió ingeniería eléctrica y su especialidad eran las centrales hidroeléctricas. Hasta que un día se dio cuenta de que no escuchaba bien y decidió diseñar un dispositivo para mejorar su audición. En 1910, mientras trabajaba en la cocina de su casa, creó el que se considera el primer audífono moderno. Constaba de un amplificador de sonido de aire comprimido de gran sensibilidad. Parece que un comandante de la *US Navy* lo probó y advirtió la eficiencia del invento. Le encargó a Baldwin cien unidades del *Baldy Phone*.

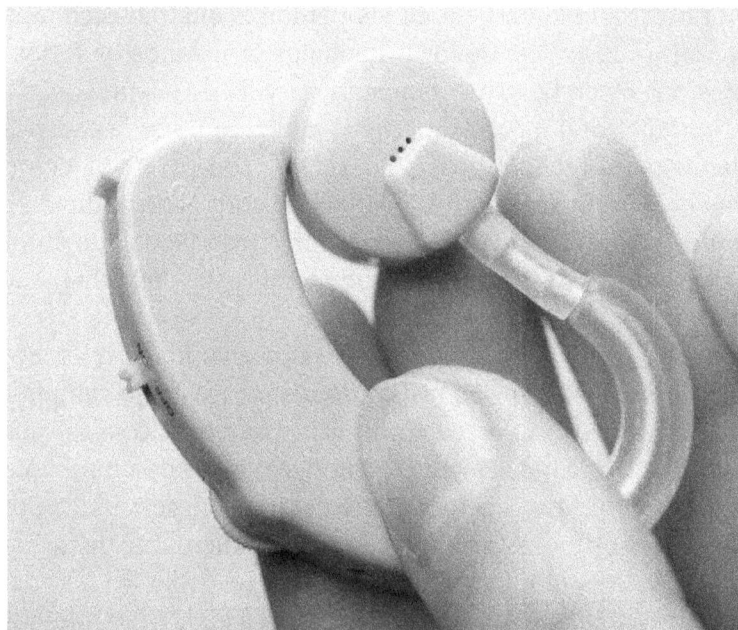

LA ERA DE LOS IMPLANTES

El uso de audífonos mejora la calidad de vida de muchas personas que tienen pérdida de audición leve o moderada, pero no ayuda a aquellas que tienen sordera total o una pérdida considerable de la audición. La solución para algunos de estos casos vino de la mano de los implantes cocleares, desarrollados a partir de la segunda mitad del siglo xx. Una parte de estos dispositivos se coloca, mediante cirugía, cerca del oído interno (por eso son implantes) y otra parte es externa. Funciona de manera muy diferente al audífono.

- La parte implantada en el hueso temporal (el que rodea al oído) está formada por un componente estimulador-receptor que capta señales eléctricas, las decodifica y luego envía otra señal eléctrica al cerebro.
- La parte externa está constituida por un micrófono-receptor, un procesador de lenguaje y una antena. Su función es captar el sonido y convertirlo en señales eléctricas que son enviadas a la parte interna del implante coclear.

Aunque los implantes no restablecen plenamente la audición, si la persona está lo suficientemente motivada, logra procesar los sonidos y el lenguaje, y trasmitirlos al cerebro para establecer una nueva manera de comunicación con el mundo que la rodea.

Los niños sordos de nacimiento, a partir del año de vida aproximadamente, pueden recibir un implante coclear. Deben ser educados o reeducados para aprender a procesar los sonidos. También es necesario realizarles una evaluación psicológica con el fin de determinar si cumplen con los requisitos para recibir el implante.

57

¡SORPRESA!

Es común que los chicos sordos lloren o se asusten cuando perciben los primeros sonidos gracias a la colocación de un implante coclear, pero luego disfrutan y se sorprenden con esta nueva experiencia. En los adultos, acostumbrarse a la nueva situación tampoco es fácil. "No bajen los brazos si luego del implante aún no escuchan bien. Al principio se dificulta un poco, pero con el correr de los días, de los meses, el cerebro va haciendo los ajustes. De igual manera para quienes, luego del implante, quieren escuchar música y se decepcionan porque al comienzo se oye distorsionada: el cerebro va ajustando los sonidos y lentamente las melodías empiezan a sonar más afinadas y agradables", dice Daniel Briamonte, quien recibió sus implantes en 2008.

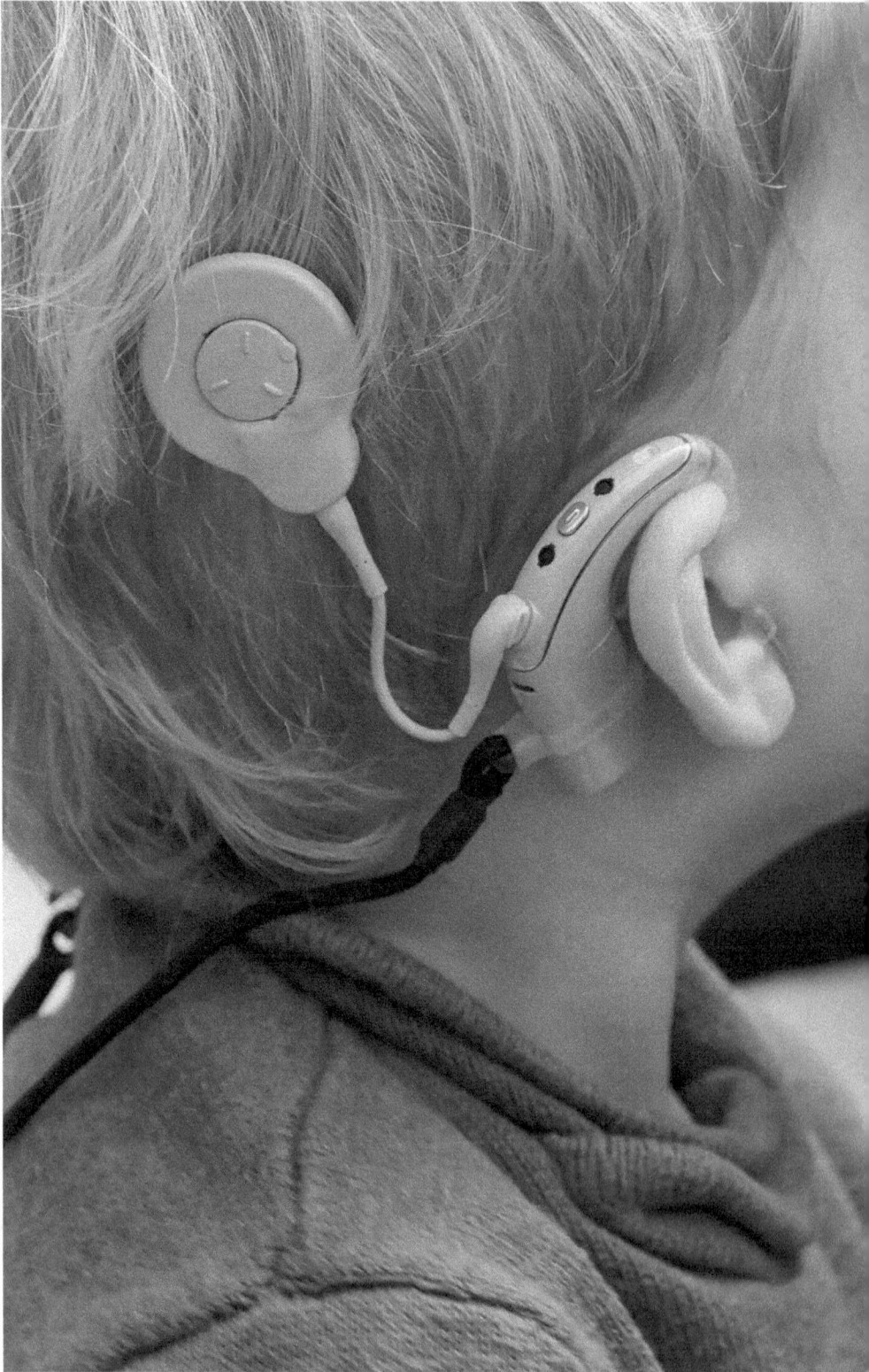

Niño con implante coclear.

OÍDO ARTIFICIAL

En un futuro existirá una nueva tecnología disponible para el restablecimiento de la audición. Desde 2013, investigadores de la Universidad de Princeton trabajan en el desarrollo de una oreja artificial con antena incorporada. Fue fabricada con una impresora 3D a partir de nanotubos y células madre. Aunque aún quedan varios años de trabajo, los investigadores aseguran que se podrá conectar al sistema nervioso.

LOS IMPLANTES VISUALES: PRESENTE Y FUTURO

Nuestros ojos son, sin duda, órganos muy complejos. Poseen foto-rreceptores (células especializadas), localizados en la retina, que captan la luz y la transforman en señales nerviosas, que el cerebro inmediatamente procesa y genera con ellas imágenes. Gracias a este mecanismo distinguimos formas, colores, tamaños y movimientos del mundo que nos rodea.

Sin embargo, todavía hay interrogantes que la ciencia no pudo contestar: ¿cómo se produce la visión de los objetos?, ¿cuál es el mecanismo por el que las neuronas extraen la información de la retina? o ¿de qué modo el cerebro es capaz de procesar la información para producir imágenes?

Las personas ciegas, en general, tienen pocas perspectivas de volver a ver. Al respecto, el desarrollo de los implantes cocleares planteó, con el comienzo del siglo XXI, un nuevo interrogante: ¿será posible el desarrollo de un ojo biónico que devuelva la vista a personas con visión nula o muy disminuida? El desafío no es fácil de superar, pero tampoco parece que sea imposible.

Ya en el siglo XVIII, algunos científicos, como Benjamin Franklin, tuvieron la idea de usar una corriente eléctrica para estimular la retina, pero recién en nuestro siglo esta idea va tomando forma. El primer implante de retina aprobado para su uso en 2013 fue la llamada prótesis de retina Argus II. Está diseñada básicamente para mejorar la visión de personas con una enfermedad grave, llamada retinosis pigmentaria, en la que la retina se va dañando paulatinamente. Desde 2017 se trabaja con otra prótesis, la Orion I. Estas prótesis eléctricas permiten la visión mediante la estimulación de las células sobrevivientes con una serie de electrodos introducidos en la retina. También existe otro tratamiento, la optogenética, que inserta proteínas sensibles a la luz en las células vivas de la retina. A veces, ambos procedimientos pueden combinarse.

¿Será posible el desarrollo de un ojo biónico que devuelva la vista a personas con visión nula o muy disminuida? El desafío no es fácil de superar, pero tampoco parece que sea imposible.

¿Cuán efectivos son estos implantes? ¿Dan buenos resultados? Uno de los inconvenientes que presenta el implante de retina es que el paciente puede recuperar la visión, pero esta se encuentra distorsionada. Pueden percibir formas y contornos borrosos, pero si un objeto se mueve muy rápido, pueden dejar de verlo por un tiempo. Entonces, antes de someterse a la cirugía, es necesaria una evaluación para determinar si el implante puede mejorar efectivamente su visión. Para esto se usan simuladores que permiten conocer de antemano la calidad de la visión tras el implante. Con esta información, el paciente podrá decidir si desea colocarse el implante.

61

LAS LENTES BIÓNICAS

En 2019 comenzaron a comercializarse en algunos países las primeras lentes biónicas, que pueden incrementar la visión de una persona hasta tres veces por encima de lo normal y pueden ser usadas por cualquiera que las solicite (aunque no tenga problemas visuales). Tienen forma de lente de contacto y constan de circuitos electrónicos funcionales y una luz infrarroja para generar una imagen virtual. Se colocan de un modo similar al de una cirugía de cataratas.

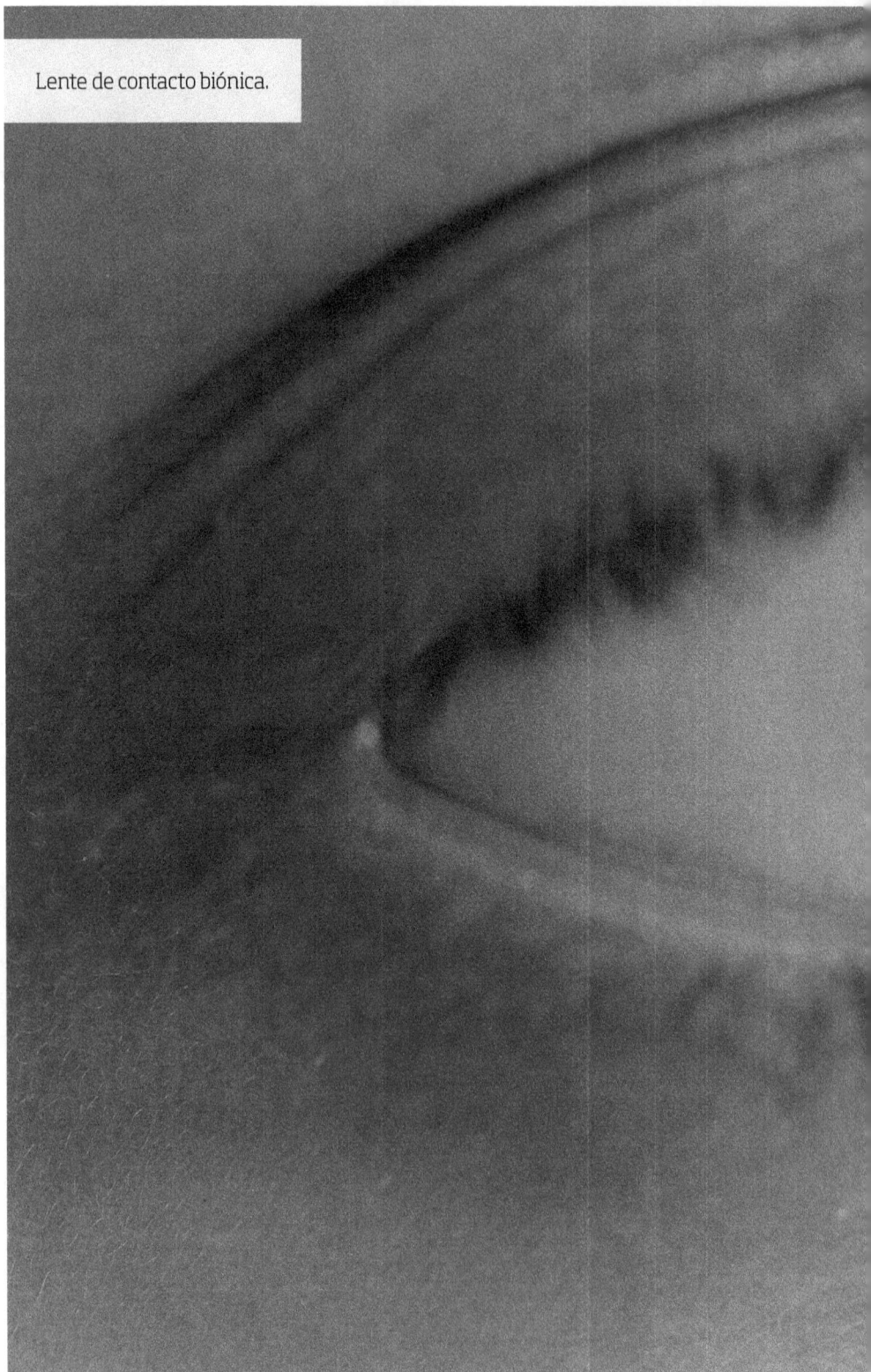

Lente de contacto biónica.

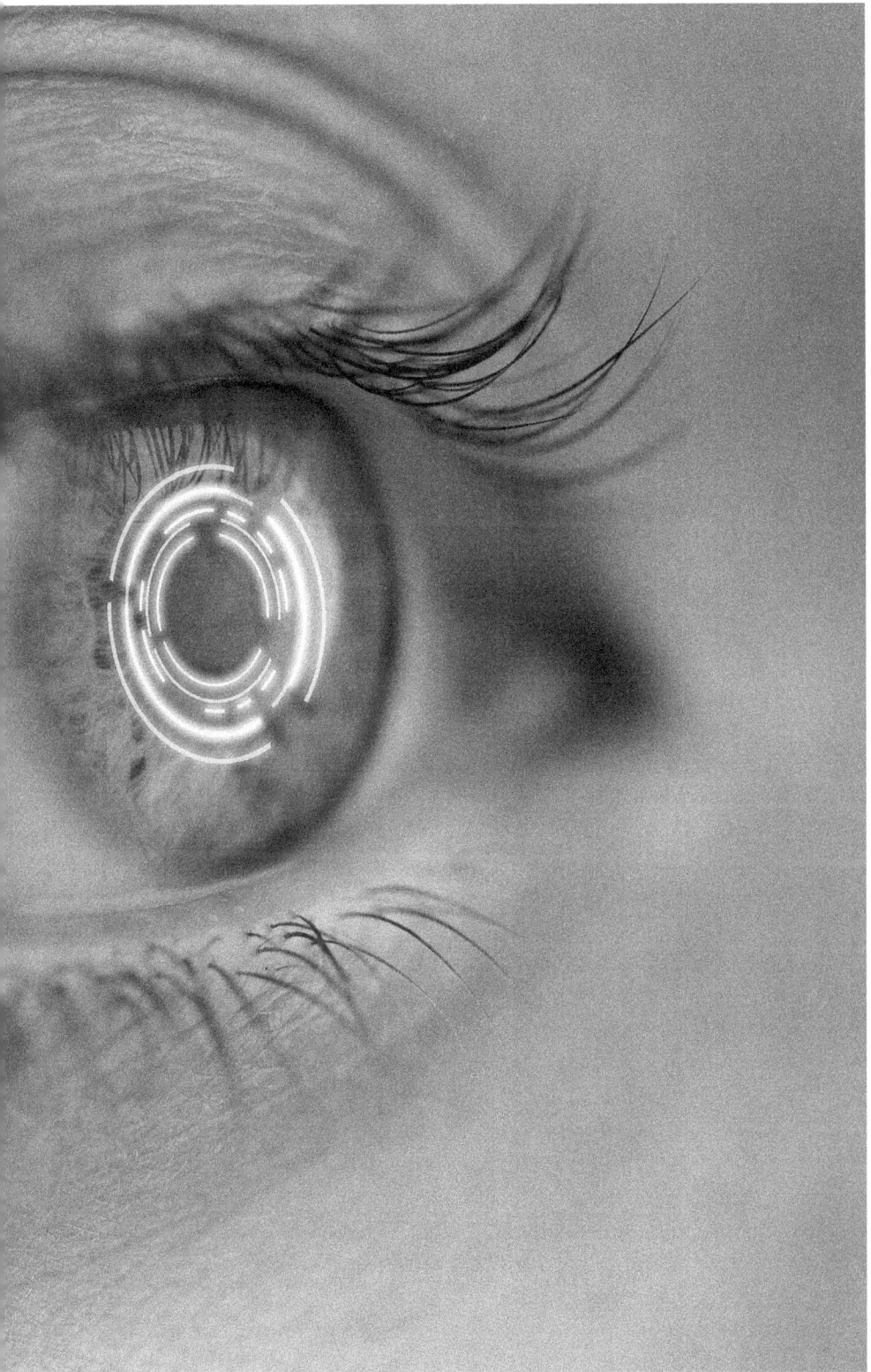

Nanotubos de grafeno (carbono) que forman una matriz apta para que crezca un tejido.

INGENIERÍA DE TEJIDOS

Pensemos por un momento cómo se construye un edificio. A grandes rasgos, sobre cimientos sólidos se levanta una estructura de hormigón armado, en la que luego se adiciona el resto de los componentes: paredes, pisos, puertas, ventanas, etcétera.

Ahora traslademos esta idea a nuestro cuerpo: ¿qué materiales lo componen?, ¿qué son las células y los tejidos?, ¿será posible reconstruir una parte dañada a partir de estos componentes?

La ingeniería de tejidos es una disciplina desarrollada recientemente que tiene como objetivo combinar estructuras, células y moléculas biológicamente activas para crear tejidos funcionales que permitan restaurar, reparar o corregir una parte dañada de nuestro cuerpo. Por eso forma parte de la denominada medicina regenerativa. Esta disciplina evolucionó a partir del estudio de los biomateriales, es decir, materiales que forman la materia viva. Aunque todavía se encuentra en etapa experimental y no está muy difundida, gracias a ella se han implantado vejigas suplementarias, pequeñas arterias, injertos de piel, cartílago y hasta una tráquea completa en algunos pacientes.

Comencemos por el principio: nuestro cuerpo, como el de cualquier ser vivo, está formado por células. Muchísimas células suelen agruparse, sostenidas por una matriz extracelular que ellas mismas producen, y formar tejidos. Varios tejidos, a su vez, forman nuestros órganos.

La matriz extracelular da estructura al tejido. Es algo así como el "hormigón armado" que soporta o sostiene a las células. Entonces, si los bioingenieros piensan en producir un tejido *in vitro* (en el laboratorio), tendrán que empezar por tener esta matriz. Una posibilidad es hacerla de proteínas o plásticos; otra es usar una matriz ya existente (obtenida a partir de tejidos del paciente a tratar). Luego, o simultáneamente, se colocan

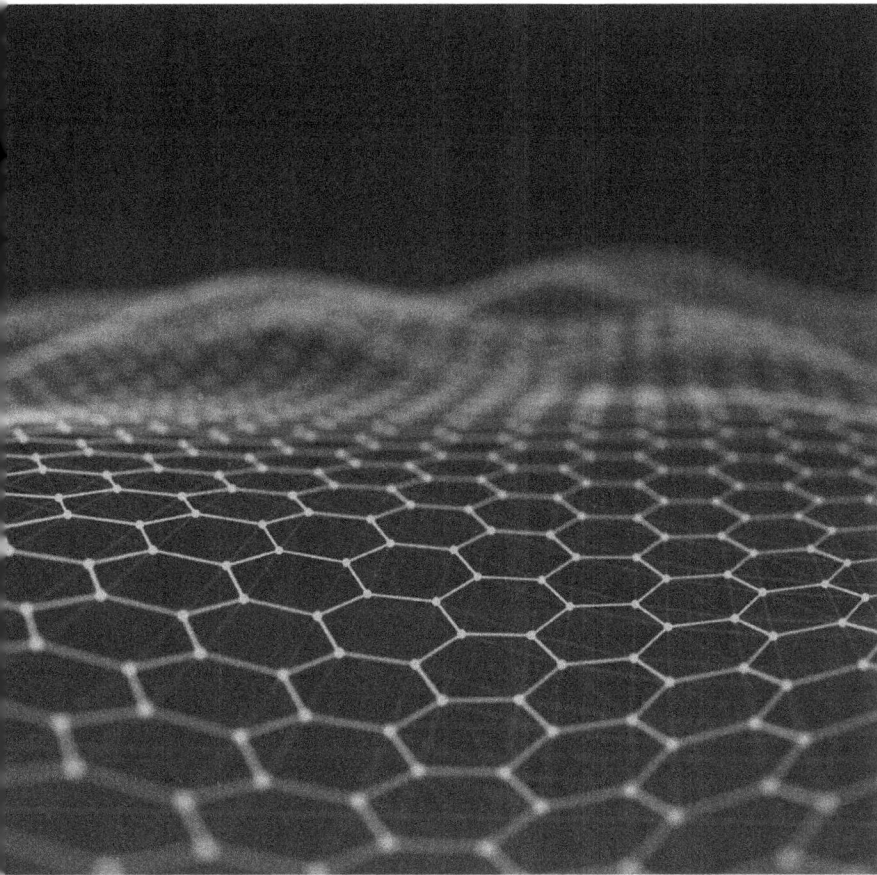

células y, muchas veces, sustancias que favorecen su crecimiento. Entonces, bajo condiciones adecuadas se desarrolla un tejido. La elección del material para generar la matriz de un tejido depende de varios factores.

Sin embargo, los denominados nanotubos (hechos de nanopartículas, partículas muy pero muy pequeñas, casi del tamaño de los átomos) resultan una excelente elección: son biocompatibles, no se biodegradan y pueden ser funcionales con biomoléculas. Además, generalmente no presentan reacciones adversas en el receptor.

Otro aspecto que hay que tener en cuenta es que a la matriz extracelular llegan, además, las señales o estímulos que recibe cada célula y que pueden desencadenar una respuesta. Por ejemplo, si llega una señal al páncreas que indica que "hay mucha

La ingeniera de tejidos es una disciplina que tiene como objetivo combinar estructuras, células y moléculas biológicamente activas para crear tejidos funcionales que permitan restaurar, reparar o corregir una parte dañada de nuestro cuerpo.

azúcar (glucosa) en la sangre" algunas células producirán insulina, una hormona que disminuye la concentración de este hidrato de carbono. La matriz funciona como una especie de estación repetidora que envía el mensaje a varias células, y el efecto que se consigue es óptimo: "bajar la concentración de azúcar en la sangre". En muchos casos, el estudio de estos mecanismos y la elección de la matriz adecuada para ellos es fundamental.

Además, las células que se utilizan para generar un tejido suelen ser células madre o *stem cells*. Se trata de células indiferenciadas o pluripotenciales que se multiplican con facilidad y pueden diferenciarse o transformarse en distintos tipos de células especializadas, como neuronas o hepatocitos (células del hígado). Existen dos tipos de células madre: las embrionarias, que se obtienen del embrión de pocas horas, y las adultas o somáticas, todas ellas no embrionarias, presentes en todos los tejidos del organismo. La función primaria de estas células es mantener y reparar el tejido en el que se encuentran. Las células madre que se obtienen de la sangre del cordón umbilical de los recién nacidos se consideran células madre adultas, son capaces de generar células sanguíneas y actualmente se utilizan para el tratamiento de enfermedades de la sangre.

Con la ingeniería de tejidos se ha logrado desarrollar en el laboratorio tejidos y órganos complejos, como el corazón, el pulmón y el hígado. Sin embargo, aún falta para que sean totalmente reproducibles y estén listos para ser implantados en un paciente. Mientras tanto, estos tejidos pueden ser de gran utilidad en el desarrollo de fármacos. En ellos se puede probar la acción de nuevos medicamentos, de modo que se reduzca el uso de animales de experimentación.

ESTÁNDARES DE SEGURIDAD

Implantes de todo tipo, desarrollo de órganos artificiales, medicina regenerativa… Las ciencias médicas se ven inundadas de nuevas posibilidades que prolongan la vida y ayudan a muchas personas a estar y sentirse mejor. Sin embargo, estos desarrollos requieren un estricto control por parte de las autoridades sanitarias de cada país para evitar que causen más daños que beneficios. Los estándares de seguridad (similares a los que se aplican cuando aparece un nuevo fármaco) deben ser aplicados adecuadamente para garantizar el éxito de los tratamientos o, por lo menos, evitar que estos causen efectos colaterales indeseados. Existe una Base Internacional de Datos de Dispositivos Médicos (en inglés, International Medical Devices Database, IMDD) que reúne más de 70.000 avisos de alerta o precaución. Cualquiera puede acceder a él para revisar si existen "efectos adversos" de un dispositivo en particular. En resumen: sí a los avances tecnológicos que nos sorprenden gratamente, pero que sean adecuadamente controlados.

ESPÍAS DE NUESTRO CUERPO

La revolución en el diagnóstico médico

Cuando una persona visita al médico porque algo la afecta, el profesional debe reunir todos los datos disponibles para hacer un buen diagnóstico, algo que resulta fundamental para implementar el tratamiento adecuado. Históricamente, los médicos reúnen durante la consulta dos tipos de datos: los síntomas, que son las percepciones subjetivas desagradables que tiene el paciente, y los signos, es decir, los hallazgos objetivos que detecta el médico cuando examina al paciente. Estos hallazgos se obtienen, en principio, mediante diversas maniobras realizadas por el médico sobre el paciente, como la observación atenta, la palpación, la percusión y la auscultación. Sin embargo, a partir del siglo xx, el desarrollo de instrumentos de exploración que pueden usarse durante la consulta y las denominadas exploraciones complementarias (las técnicas de diagnóstico por imágenes, las endoscópicas, los exámenes de laboratorio, las biopsias, etcétera) ayudan eficazmente a establecer el diagnóstico y permiten confirmar o descartar una presunción antes de iniciar un tratamiento. Y es aquí donde la biomedicina tiene mucho que ofrecer. Basta pensar en algunos diseños biomédicos sencillos que se usan en el consultorio: estetoscopio, tensiómetro, otoscopio, etcétera.

La mano de Berta. Los rayos X son un tipo de radiación electromagnética, similar a la luz visible pero con mucha más energía, que puede pasar a través de la mayoría de los objetos, incluso el cuerpo.

TÉCNICAS DE DIAGNÓSTICO POR IMAGEN

"Si se deja pasar una descarga de un carrete de Ruhmkorff a través de un tubo de vacío [...] y se recubre el tubo con un abrigo de cartón negro delgado lo suficientemente ajustado, se observa en la habitación completamente oscura que una pizarra de papel recubierta con una sal de bario llevada a las proximidades del aparato se ilumina fuertemente para volverse fluorescente con cada descarga [...]. Esta fluorescencia es todavía visible a dos metros del aparato. Se convence uno de que ella proviene del aparato de descargas y de ningún otro lugar de la conducción eléctrica". Estas palabras, que parecen un poco difíciles, son las que escribió el físico alemán Wilhelm Conrad Röntgen (1845-1923) en diciembre de 1895, cuando, asombrado, descubrió estos rayos penetrantes y desconocidos hasta el momento. Los bautizó rayos X, como si fueran una incógnita matemática. En las investigaciones lo ayudaba a sostener la placa de bario su esposa Berta. Fue así como su mano quedó perpetuada en una imagen: la primera radiografía.

LA RADIOGRAFÍA

El descubrimiento de los rayos X causó un verdadero alboroto en la comunidad científica y muchos investigadores se dedicaron a estudiar sus fundamentos físicos y los efectos biológicos que producían. A los pocos meses ya se estaban realizando las primeras radiografías en los consultorios médicos. El paciente sostenía la placa, y el tubo de rayos X se montaba sobre un soporte. Hacer una placa demoraba varios minutos. Luego de la Primera Guerra Mundial, la práctica se fue generalizando y los equipos se volvieron más complejos, aunque el fundamento sigue siendo el mismo que describió Röntgen.

Para hacer una radiografía, el paciente se ubica de manera tal que la parte del cuerpo que se va a examinar quede entre la fuente

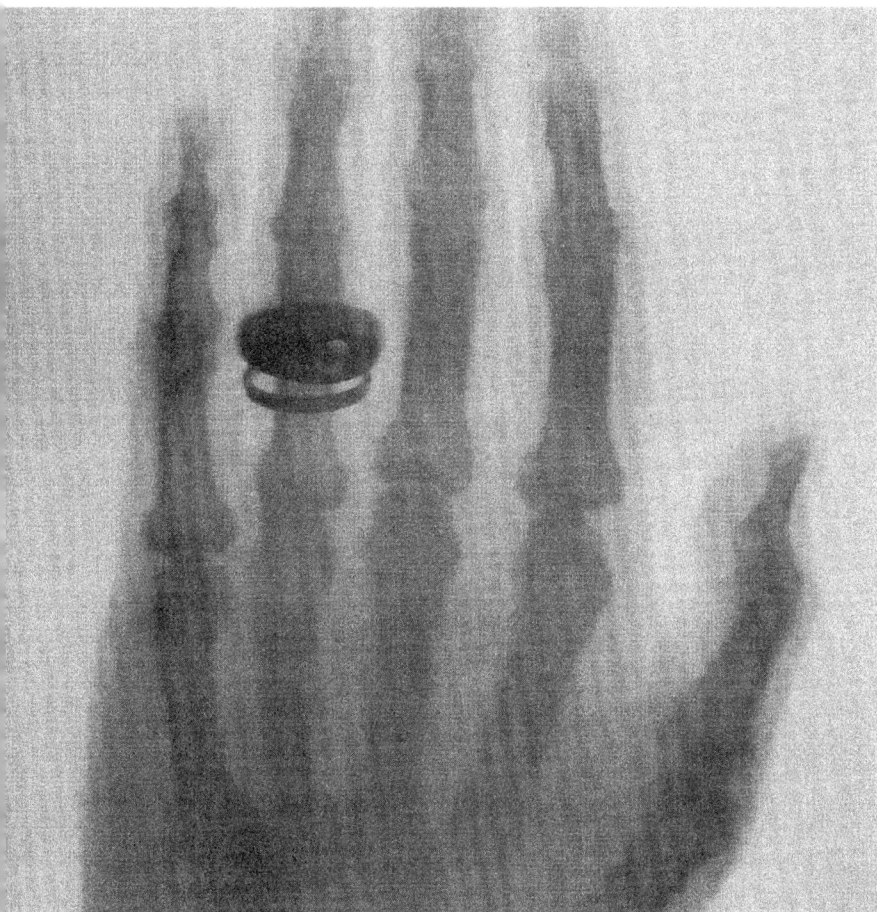

y el detector de rayos X (la placa). Cuando se "disparan" los rayos, estos viajan a través del cuerpo y son absorbidos en diferentes cantidades por diferentes tejidos. Por ejemplo, en el tejido óseo que forma los huesos, los rayos son absorbidos rápidamente. Esto produce un gran contraste en el detector, lo que hace que los huesos se vean más blancos y definidos que los demás tejidos. En los tejidos u órganos radiológicamente menos densos, como los músculos o los pulmones, los rayos se absorben poco y pasan con facilidad. Debido a esto, se muestran en tonos grises en una radiografía.

Las primeras placas detectaban fracturas en los huesos o cuerpos extraños; luego se perfeccionó la placa de tórax para ver los pulmones y se incorporó la posibilidad de administrarle al paciente un líquido de contraste, lo que permitió observar su recorrido en el tubo digestivo. Más que un alboroto, Röntgen produjo una verdadera revolución: nacía la imagenología, la disciplina que reúne las técnicas de diagnóstico por imágenes.

Médico a principios del siglo xx observando a
un paciente a través de rayos X.

LA MAMOGRAFÍA: UNA RADIOGRAFÍA
QUE SALVA VIDAS

Una radiografía de la mama o seno se usa desde hace años como método de
screening para detectar y diagnosticar el cáncer. Los tumores tienden a aparecer
como masas de forma regular o irregular un poco más brillantes que el fondo
en la radiografía (más blancas sobre un fondo negro o más negras sobre un
fondo blanco). Los mamógrafos pueden también detectar partículas diminutas
de calcio, llamadas microcalcificaciones, las cuales aparecen como manchas muy
brillantes en las placas. Por lo general son benignas, pero pueden indicar un tipo
específico de cáncer.

LA ECOGRAFÍA

72

Durante muchos años, una de las maneras que utilizó el médico
para encontrar signos de una enfermedad fue acercar su oído al
pecho del paciente y auscultarlo. Los sonidos corporales (el del
corazón o el de la respiración, por ejemplo) ayudan en el diagnóstico. Fue el francés René Laënnec (1781-1826) quien, en 1816,
inventó el estetoscopio, una especie de corneta de madera, que
con el tiempo se convirtió en el instrumento que conocemos hoy.

También el eco que producen ciertos sonidos nos permite conocer el interior del cuerpo humano. Pero ¿cómo? En 1912, poco
después de que se hundiera el Titanic, Lewis Richardson (1881-
1953) sugirió el uso de ecos ultrasónicos para detectar objetos
sumergidos, y varios investigadores lo siguieron con este propósito. Un médico austríaco, en 1942, envió ultrasonidos al cerebro
de un paciente e intentó detectar un tumor teniendo en cuenta el
eco que recibía. Nacía así el ultrasonido diagnóstico o sonografía,
conocido por todos como ecografía.

Los primeros ecógrafos eran grandes y difíciles de manejar.
Producían una imagen fija. La principal diferencia con los rayos X
es que la ecografía usa ondas mecánicas (sonoras), mientras que
los rayos X son ondas electromagnéticas. Las primeras no causan

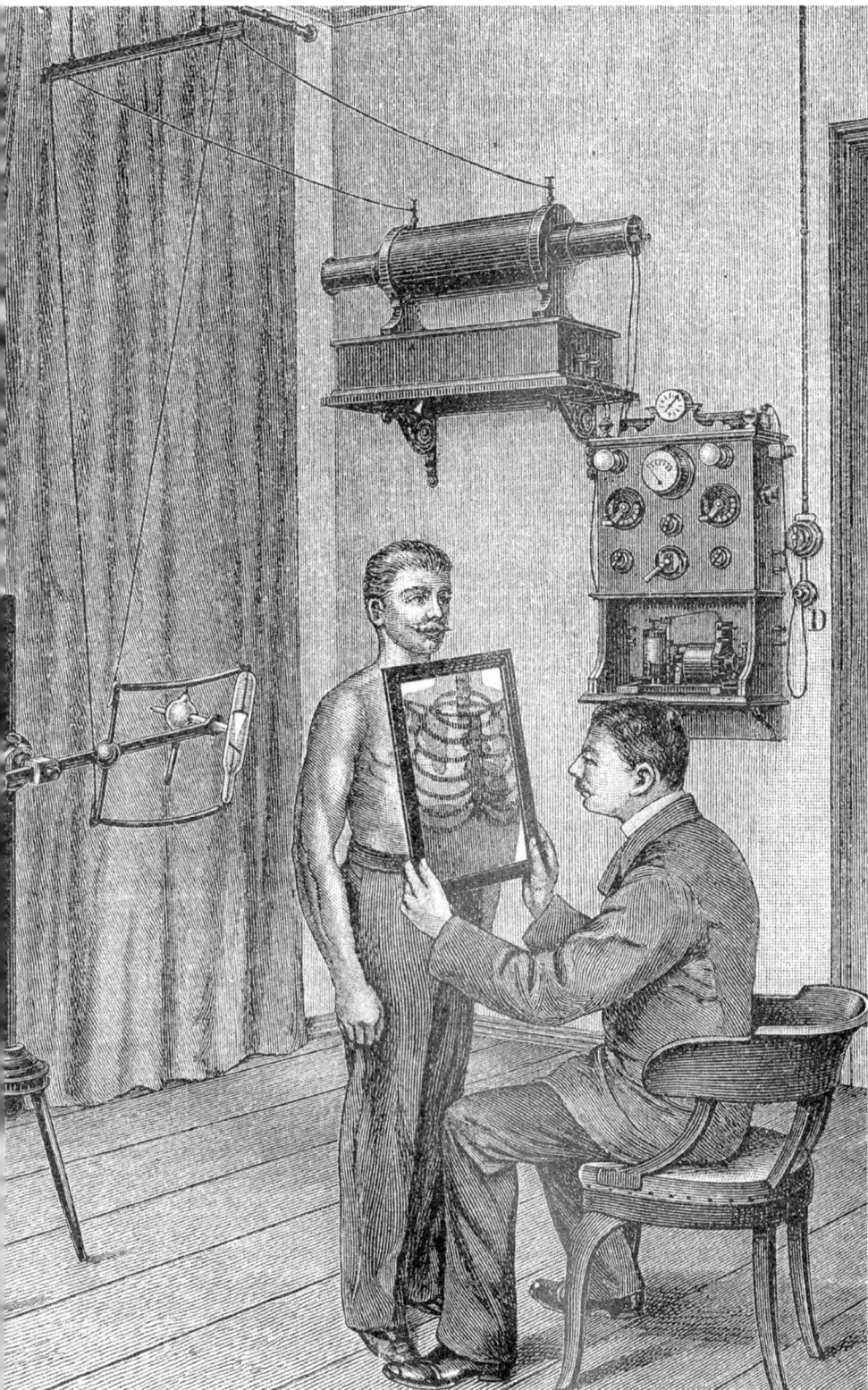

Ecógrafo actual.

daño a los pacientes, mientras que las segundas sí pueden causarlos (por ejemplo, no se recomienda su uso en embarazadas).

El diseño de los ecógrafos cambió considerablemente en la segunda mitad del siglo xx. Apareció el ultrasonido compuesto, que tenía un transductor móvil y permitía hacer varios disparos de ondas ultrasónicas hacia un área. Los ecos producidos se registraban y se integraban en una sola imagen bidimensional. Los distintos modelos de ecógrafos permitieron, en 1968, la reproducción de imágenes en tiempo real. El acople de estos equipos a una computadora y la posibilidad de digitalizar las imágenes son la base de los ecógrafos actuales.

74   Las partes de un ecógrafo son:

- Generador. Emite pequeñas señales eléctricas y las envía al transductor.
- Transductor. Está formado por cristales que al recibir las señales eléctricas emiten "paquetes" de ondas ultrasónicas (no se pueden escuchar) dentro del paciente. Un pequeño porcentaje de ondas es reflejado en las diferentes "capas" del cuerpo (llamadas interfases) y vuelven al transductor, que las reconvierte en pequeñas señales eléctricas.
- Convertidor analógico-digital. Digitaliza las señales que recibe del transductor y las convierte en información binaria (lenguaje computacional).
- Memoria gráfica. Ordena la información recibida y la presenta en una escala de grises.
- Monitor. Muestra las imágenes en tiempo real.
- Registro gráfico. Las imágenes se pueden imprimir, guardar o grabar para visualizarlas en otro equipo o en una computadora. También se pueden enviar vía telefónica.

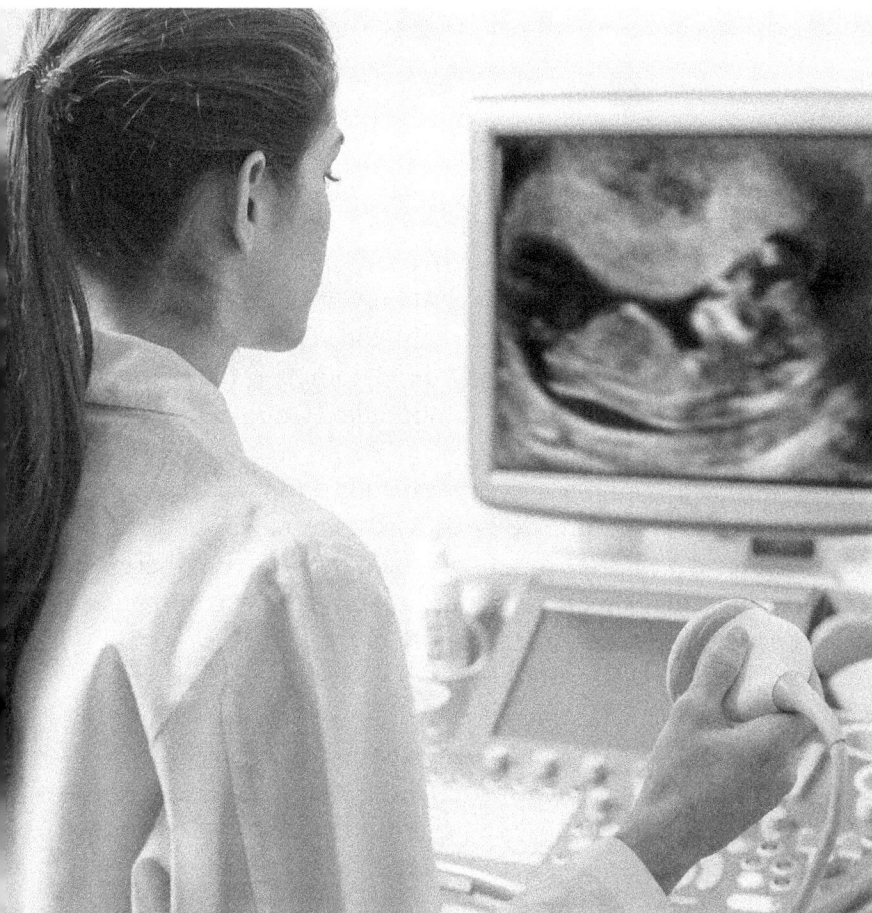

En el ecógrafo hay comandos que permiten optimizar la imagen y efectuar diversas medidas de lo que se observa. Las imágenes son tridimensionales. También hay ecógrafos a color y otros que brindan imágenes 3D en tiempo real (llamados 4D) y se usan básicamente para seguir el desarrollo del feto durante el embarazo.

LA TOMOGRAFÍA COMPUTADA

The Beatles ya quedaron inscriptos en la historia de la música como una de las grandes bandas del siglo xx. Pero pocos saben que gracias a ellos y a la financiación que ofreció su sello discográfico fue posible inventar el tomógrafo. En efecto, en 1971, y luego de años de trabajo, el ingeniero electrónico británico Godfrey Hounsfield (1919-2004) concluyó la construcción del primer tomógrafo. Ese mismo año se realizó la primera tomografía de cráneo en un hospital de Londres. Desde ese momento, esta técnica de diagnóstico es usada prácticamente en todos los campos de la medicina.

Hounsfield reunió principios matemáticos, informáticos y físicos, y logró combinar por primera vez la máquina de rayos X con una computadora. Se inspiró en las ideas publicadas en 1957 por el físico nuclear sudafricano Allan Cormack (1924-1998). Aunque su trabajo no tuvo gran difusión, Cormack compartió con Hounsfield el Premio Nobel de Fisiología o Medicina por el desarrollo de la tomografía computada. ¡Un ingeniero había ganado un premio de medicina!

En una tomografía axial computarizada o tomografía computarizada (TC), la máquina de rayos X se conecta a una computadora y se toman múltiples radiografías del cuerpo en diferentes ángulos que, una vez digitalizadas, aportan vistas tridimensionales detalladas de tejidos y órganos.

Desde un dispositivo que gira rápidamente alrededor del cuerpo del paciente y que está montado sobre una estructura con forma circular que rodea la camilla, llamada *gantry*, se proyecta sobre el cuerpo un haz estrecho de rayos X. Las señales producidas, procesadas por la computadora, se traducen en imágenes transversales o "cortes" del cuerpo, llamadas imágenes tomográficas.

Durante la tomografía, el paciente permanece recostado en una camilla que se mueve lentamente a través del *gantry*, mientras que el tubo de rayos X gira a su alrededor emitiendo haces. No hay una placa o película, sino que las señales son captadas por detectores digitales que están ubicados sobre el *gantry*, en el lado opuesto de la fuente de rayos X. Cuando estos rayos atraviesan al paciente y salen, son captados por los detectores y transmitidos a una computadora.

Cuando la fuente de rayos X completa una vuelta, la computadora reconstruye el corte de tejido, que puede ser de 1 a 10 milímetros. Luego, la camilla cambia levemente de posición y comienza a generarse la imagen de un nuevo corte. Es como ver "rebanadas" del cuerpo, ya que lo va escaneando. La computadora del tomógrafo puede reunir varios cortes sucesivos y darles un tratamiento digital para apilarlos y formar una imagen tridimensional, que facilita la localización de un problema. Como en las radiografías simples, a veces se usa un líquido de contraste para que ciertos tejidos, órganos o cavidades se destaquen con más claridad.

En una tomografía la máquina de rayos X se conecta a un ordenador y se toman múltiples radiografías del cuerpo en diferentes ángulos que, una vez digitalizadas, aportan vistas tridimiensionales detalladas de tejidos y órganos.

Existe un tipo de tomografía que es similar a la TC pero que en vez de rayos X emite la radiactividad producida por pequeñas cantidades de materiales radiactivos denominados radiosondas, y detecta las señales que producen de manera análoga al tomógrafo convencional. Es la tomografía por emisión de positrones (PET). Esta técnica es más sensible que la TC, ya que permite identificar leves cambios a nivel celular y detectar manifestaciones de una enfermedad antes que otros exámenes por imágenes. Se usa frecuentemente en el seguimiento de pacientes tratados por cáncer.

LA RESONANCIA MAGNÉTICA NUCLEAR
En ciencia y tecnología, un hallazgo siempre trae otro encadenado. Así, la posibilidad de escanear el cuerpo con imágenes tomográficas disparó la investigación en otro sentido: la resonancia magnética nuclear (RMN) o, como se prefiere en la actualidad, resonancia magnética (RM) y sus aplicaciones en medicina. Para hablar de ella, primero tenemos que repasar brevemente cómo son los átomos que forman toda la materia conocida. Cada una de estas partículas está constituida, a su vez, por un núcleo con protones (de carga positiva) y neutrones (sin carga o de carga neutra). También posee electrones (de carga negativa) que giran alrededor del núcleo y, además, tienen un movimiento de rotación o giro sobre sí mismos.

En los átomos de hidrógeno, formados solo por un protón y un electrón, el protón también se mueve y genera, por explicarlo de manera muy simple, un mínimo campo magnético. Tengamos en cuenta que nuestro cuerpo está formado principalmente por agua, que tiene hidrógeno en su composición (la famosa fórmula H_2O).

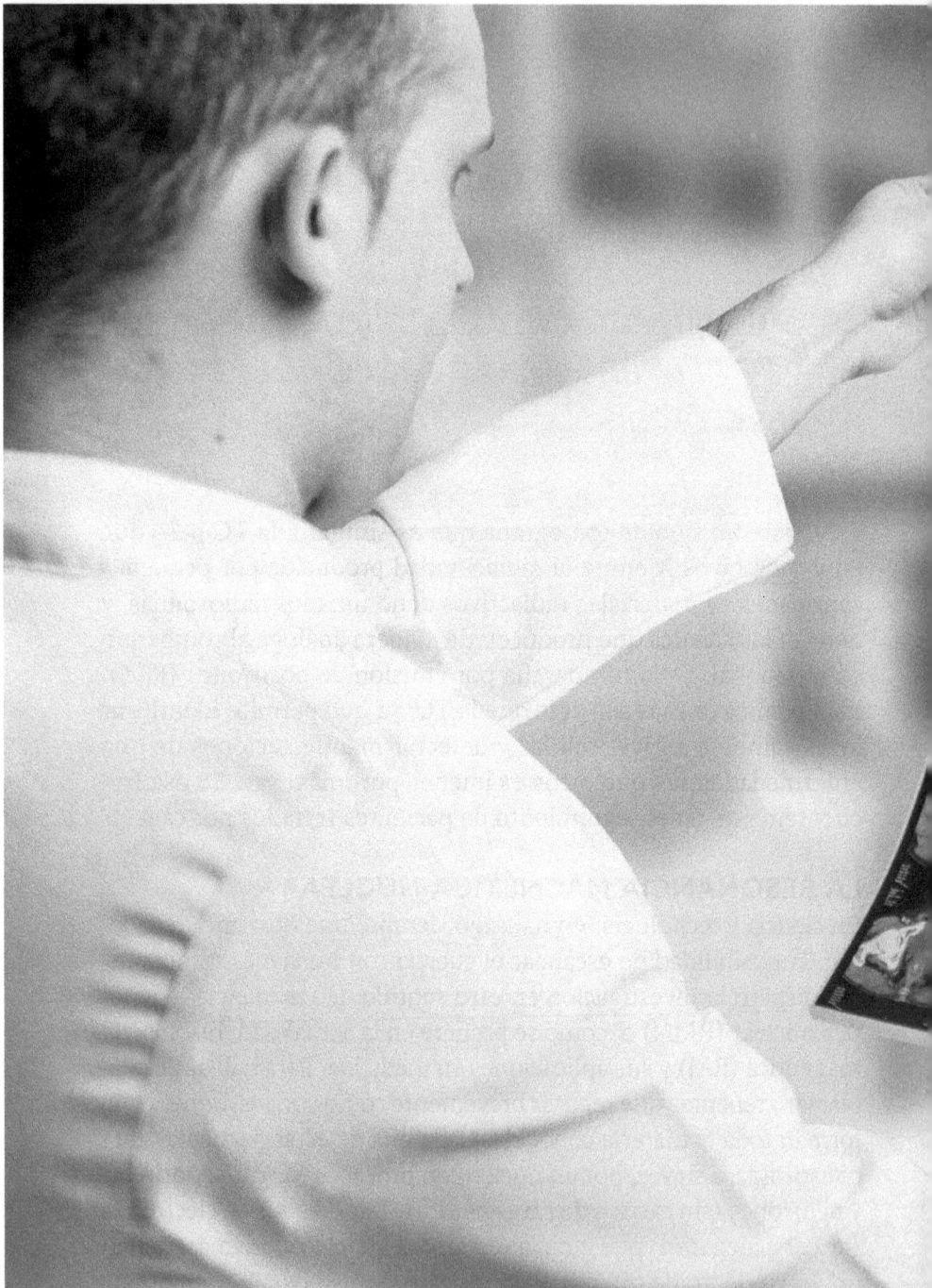

Las tomografías no se usan solo para diagnosticar una enfermedad, también sirven para evaluar la eficacia de un tratamiento.

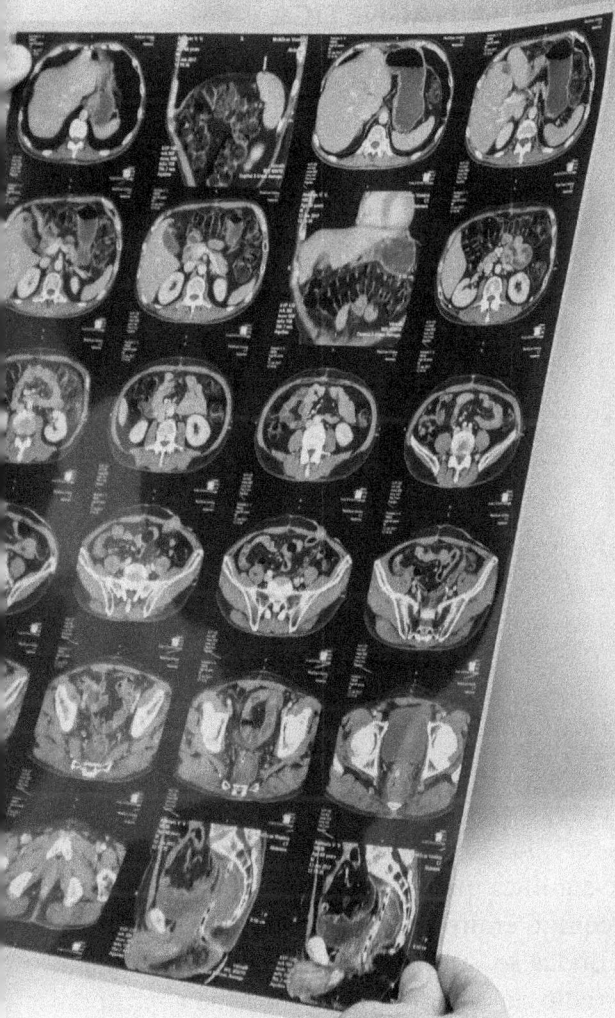

EQUIPO DE RESONANCIA MAGNÉTICA

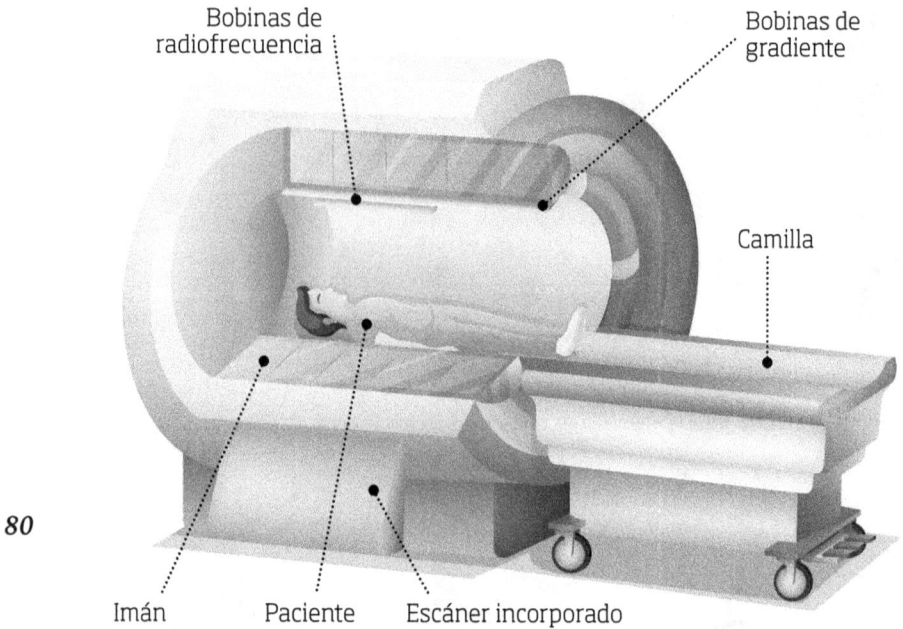

Bobinas de
radiofrecuencia

Bobinas de
gradiente

Camilla

Imán   Paciente   Escáner incorporado

Cuando nuestro cuerpo es sometido a un campo magnético (como el del resonador), los protones de los átomos de hidrógeno se alinean, esto significa que se mueven todos en la misma dirección. Luego el equipo emite ondas de radio que los desalinean. Cuando estas ondas se interrumpen, se vuelven a alinear y emiten señales de radio de distinta frecuencia, que son captadas por un escáner.

El imán principal genera un campo magnético constante, lo que significa que todos los átomos de hidrógeno resonarán de la misma manera. La señal que emitan será detectada, pero siempre es la misma (tiene la misma frecuencia) y no se sabe dónde se produce la resonancia. Para resolver este problema, un resonador cuenta con unas bobinas, llamadas bobinas de gradiente. Cada una de ellas genera campos magnéticos de distinta intensidad que son usados alternativamente al campo producido por el imán principal y permiten obtener señales de distinta frecuencia. Esto hace

A partir de las imágenes que aporta una resonancia magnética se pueden imprimir con una impresora 3D modelos de órganos como corazón, cerebro, vasos sanguíneos y articulaciones de un paciente determinado con el fin de estudiarlos y analizar posibles tratamientos.

posible, luego del análisis hecho por una computadora, que se determine de qué región del cuerpo provienen. Como los distintos tipos de tejidos emiten señales que varían en su duración, es posible detectar enfermedades o patologías en ellos.

La resonancia magnética es, por decirlo de algún modo, menos nociva que la tomografía, ya que, aunque ambas son procedimientos no invasivos, la resonancia no utiliza radiaciones ionizantes, mientras que la tomografía sí lo hace, por lo que, utilizada en exceso, puede causar daños al paciente. Sin embargo, una no reemplaza a la otra como técnica diagnóstica, ya que ambas tienen gran importancia e indicaciones precisas en la búsqueda de ciertas enfermedades. El gran inconveniente del resonador es que la camilla con el paciente se introduce dentro del "gran imán" y la persona tiene que permanecer encerrada allí durante aproximadamente media hora, lo que puede provocarle claustrofobia. Afortunadamente se han diseñado resonadores abiertos que resuelven este inconveniente.

81

EL GRAN OLVIDADO

En 1971, el doctor Raymond Damadian (1936-) demostró que la resonancia magnética podía ser usada para detectar enfermedades e inventó el primer equipo un año después. Sin embargo, Paul Lauterbur (1929-2007) fue quien desarrolló la técnica para generar las primeras imágenes en resonancia magnética, y Peter Mansfiel (1933-2017) logró acelerar muchísimo los tiempos de realización de una resonancia. Lauterbur y Mansfiel ganaron en 2003 el Premio Nobel de Medicina por sus descubrimientos en el campo de las imágenes de resonancia magnética. Damadian, injustamente, no fue tenido en cuenta para recibir este galardón.

El endoscopio de Bozzini, antecesor
de los endoscopios modernos.

LAS TÉCNICAS ENDOSCÓPICAS

Pensemos en una situación cotidiana: nos duele la garganta.
Entonces, lo más probable es que le pidamos a otra persona que,
ayudada con una linterna, como la del teléfono móvil, y el mango
de una cuchara (que oficia de bajalenguas) observe nuestra orofaringe (garganta) y nos diga cómo está. Obviamente es el médico
el que va a certificar y realizar adecuadamente la observación, pero
la idea es la misma: vernos por dentro "en vivo y en directo", no
con una imagen tomada desde el exterior.

82

Hasta el siglo XVIII, este tipo de observaciones se limitaba a
unas pocas cavidades cercanas a la superficie corporal: la boca, la
orofaringe, las fosas nasales, el oído externo, la vagina en las mujeres y el recto. En cuanto a este último, fue Hipócrates quien, en el
400 a.C., mediante un tubo y una vela, intentó observarlo. Por ese
intento es considerado el creador de un instrumento fundamental en el diagnóstico y tratamiento médico: el endoscopio. En el
siglo X, un médico árabe llamado Albuskasim, procedió de manera
similar: utilizó el reflejo de la luz para examinar la vagina de una
paciente. Durante muchos siglos existieron dos inconvenientes

EL "JUGUETE" DE BOZZINI

A comienzos del siglo XIX, el médico alemán Philipp Bozzini (1773-1809) pudo
visualizar la uretra (conducto por el que sale la orina) gracias a un dispositivo
que inventó: el *lichtleiter* o conductor de luz. Se trataba de una vasija revestida
de cuero dividida por un tabique en dos cámaras. En una estaba la fuente de
luz, una vela, y por detrás, un espejo que desviaba la luz hacia el órgano que
se pretendía explorar. En la otra mitad, el observador recibía la luz reflejada
y la imagen del órgano explorado. En la parte de atrás de la vasija se fijaban
espéculos de distintos tamaños que mantenían abiertos los orificios de entrada
al órgano que se quería explorar. Este endoscopio de Bozzini fue el antecesor
de los endoscopios modernos; sin embargo, fue desestimado por sus colegas y
considerado un juguete.

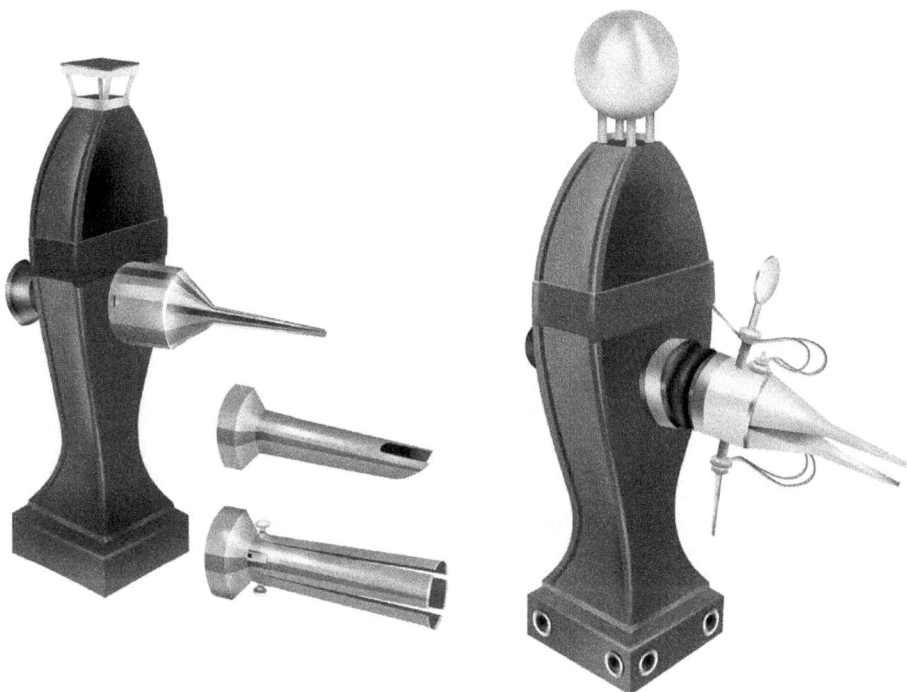

fundamentales para realizar endoscopias: los tubos de observación
eran rígidos y no había luz eléctrica. A estos primeros intentos
de realizar una endoscopía le sigue el desarrollo de esta valiosa
técnica, que puede dividirse en cuatro períodos según el instrumento que usa: el del endoscopio rígido, el del endoscopio semiflexible, el del fibroscopio y el de la videoendoscopia.

- Endoscopio rígido. Se usó en la década de 1860. Estaba
  compuesto por tubos rígidos sujetados a una fuente de
  luz que se introducían en el tubo digestivo a través de la
  boca, hasta el estómago. A pesar de ser muy rudimentarios,
  permitieron hacer observaciones valiosas, sobre todo de
  ciertas patologías. Hacia fines del siglo XIX, todos los
  endoscopios ya contaban con un tubo, una fuente de luz
  eléctrica y un sistema óptico que permitía la observación.
- Endoscopio semiflexible. En los primeros años del siglo XX
  se produjo una innovación: a los tubos rígidos se sumaron
  tramos de goma que facilitaban la entrada del tubo, con
  menos riesgos, y proporcionaban más información. Los
  pacientes eran sedados con opiáceos y el proceso duraba entre
  5 y 10 minutos.

Médico realizando una
artroscopia de rodilla.

- Fibroscopio. Con el tiempo, los tubos empleados fueron completamente flexibles y se adicionaron una especie de pinza y un tubo de succión, que permitió tomar muestras de tejidos para ser analizadas. Se podían introducir no solo por la boca, sino también por el ano. Había, además, diseños especiales de endoscopios para otras partes del cuerpo.
- Videoendoscopia. En 1983 se desarrolló el endoscopio electrónico, que sustituyó el haz de luz por un microtransmisor fotosensible. A partir de esta innovación, la endoscopia se modificó totalmente. Estos equipos permiten grabar, tomar fotografías en serie, ampliar imágenes, transmitir la imagen a distancia, etcétera.

Las endoscopias no solo resultan útiles para hacer diagnósticos, también se emplean como técnica quirúrgica, ya que permiten resolver determinados problemas sin necesidad de abrir el cuerpo. De este modo, se reducen los riesgos y las complicaciones, y, por lo tanto, la recuperación del paciente es mucho más rápida. Se puede realizar endoscopia digestiva alta, baja o colonoscopia, y también de otros órganos, como broncoscopia (estudia los bronquios), citoscopia (la vejiga urinaria), colposcopia (la vagina), etcétera.

La laparoscopia consiste en introducir mediante pequeñas incisiones el endoscopio en la cavidad abdominal. Es una técnica muy usada y eficaz que reemplaza a las cirugías convencionales. Lo mismo cuenta para las artroscopias, con las que se puede operar una articulación. Durante el embarazo, los endoscopios también llegan a los fetos y pueden usarse para operarlos.

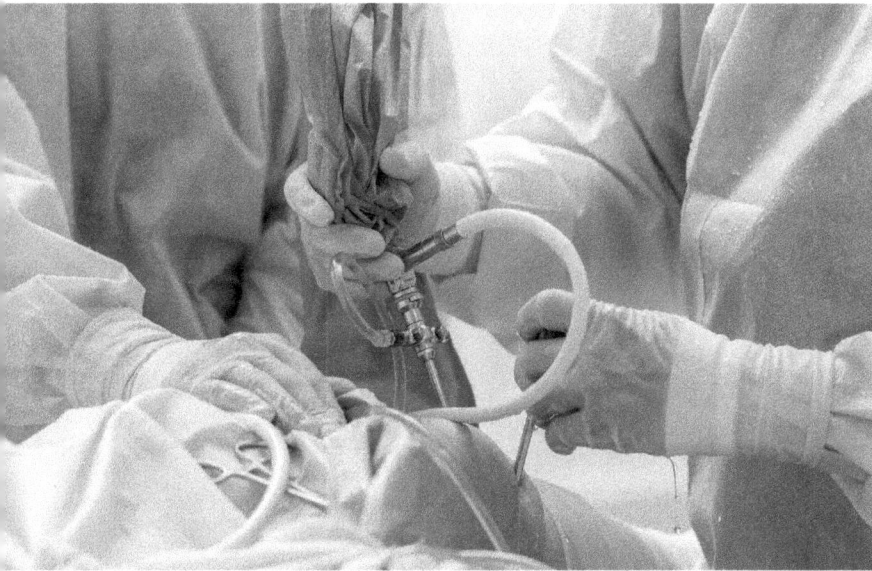

LOS ANÁLISIS CLÍNICOS

Hemograma, glucemia, colesterolemia, TSH, son apenas algunas de las posibles determinaciones en una muestra de sangre que un médico puede pedirnos. Los valores que se estiman en el laboratorio y que se contrastan con un rango de normalidad según sexo y edad del paciente resultan necesarios para hacer determinados diagnósticos. Por ejemplo, es imposible saber si una persona es diabética o hipotiroidea sin un "laboratorio", que es la manera que tenemos usualmente de referirnos al pedido de un análisis bioquímico.

Si no estamos familiarizados con el espacio físico de un laboratorio (por lo general solo conocemos la sala de extracciones y la recepción de ese lugar) y nos piden que hagamos una descripción de lo que puede haber en él es probable que pensemos en una gradilla o soporte con tubos de ensayo, en otros recipientes de vidrio, un microscopio, un mechero y personas manipulando todos estos elementos. Sin embargo, desde hace más de treinta años la mesada de un laboratorio llena de materiales propios de este ámbito seguramente fue removida y reemplazada por una máquina similar a la que se ve en la siguiente imagen.

La aplicación de la informática y el desarrollo de la biomedicina generaron un cambio radical en la realización de análisis clínicos, ya que se ha logrado la automatización de los procesos y la digitalización de los resultados. En este cambio, tareas de producción que antes eran desarrolladas por operadores humanos se transfieren a robots que poseen los elementos tecnológicos necesarios para desempeñar la tarea. Todos los equipos actuales cuentan con una parte operativa que es la que actúa directamente sobre la máquina para que se mueva y realice la operación deseada. Estos aparatos requieren estar adecuadamente calibrados y que su desempeño sea monitoreado con diversos controles de calidad.

¿Qué equipos automatizados podemos encontrar en un laboratorio del siglo XXI? Varios, pero hablaremos en particular de los analizadores bioquímicos y los contadores hematológicos.

Los análisis realizados en un laboratorio de análisis clínicos son fundamentales en la detección de enfermedades metabólicas, como la diabetes o la insuficiencia renal.

EL ANALIZADOR BIOQUÍMICO AUTOMATIZADO

Los analizadores bioquímicos son máquinas que pueden procesar una o varias muestras a la vez y arrojan los resultados de una muestra en pocos minutos. Miden la concentración de sustancias presentes en la sangre, algunas como producto de la actividad de las células, como glucosa, urea, proteínas; otras enzimas relacionadas, por ejemplo, con el funcionamiento del hígado o del corazón, y también niveles de los denominados iones, como el sodio y el potasio. Para cada tipo de terminación, el analizador usa distintos procedimientos. Para las sustancias producidas por las células suelen usarse métodos colorimétricos: los cambios de color dan idea de su concentración. Las enzimas se pueden medir por el tiempo que tardan en cambiar de una sustancia coloreada a otra. Los iones, como el sodio y el potasio, se miden con electrodos.

87

Los analizadores tienen *racks* o soportes en los que se colocan las muestras, los reactivos, los controles y los diluyentes, si fueran necesarios. En cada *rack* hay códigos de barra que sirven para identificar las muestras y para que el robot sepa qué determinaciones tiene que hacer con cada una de ellas. Los resultados que arroja esta máquina deben ser evaluados por una persona experta en interpretarlos, como un bioquímico. Esto reduce la posibilidad de errores o accidentes con las muestras.

ELISA

Algunos analizadores bioquímicos usan una técnica llamada enzimoinmunoanálisis (ELISA) que tiene gran precisión y sensibilidad. Para entender de qué se trata tenemos que saber que un anticuerpo es una molécula producida por un organismo que se une específicamente a otra llamada antígeno. Entonces, ELISA usa anticuerpos ligados a enzimas con el fin de detectar y medir la cantidad de una sustancia en sangre. La prueba se hace usando una superficie sólida a la que están unidos anticuerpos.

ENZIMOINMUNOANÁLISIS

1

Adición de antígenos

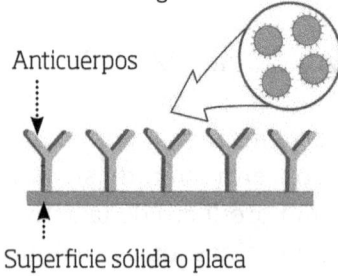

Anticuerpos

Superficie sólida o placa

3

Adición de sustrato

Anticuerpos marcados con enzima ······▶

2

Adición de anticuerpos marcados con enzima

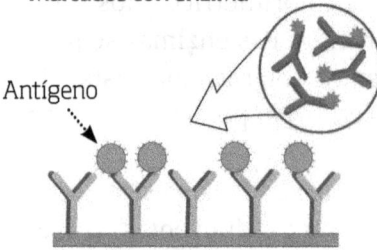

Antígeno

88

4

Detección de la señal ···················▶

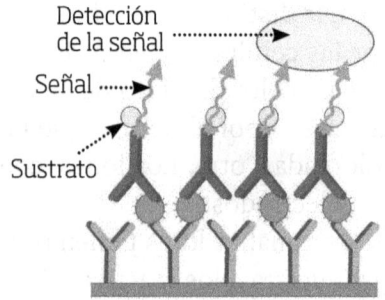

Señal ······▶

Sustrato

EL CONTADOR HEMATOLÓGICO

Nuestra sangre es, básicamente, un tejido formado por los glóbulos rojos, los glóbulos blancos y plaquetas que "nadan" en un líquido llamado plasma. En la actualidad, contar estos elementos (glóbulos y plaquetas) es la tarea de los denominados contadores hematólogicos.

Muchos de ellos usan el principio de impedancia, que expresa que cuando un elemento se interpone entre un ánodo y un cátodo por donde circula una corriente eléctrica, esta se interrumpe momentáneamente. Para esto, la sangre previamente diluida (también en forma automática) es conducida a través de un estrecho orificio. Cuando los glóbulos o las plaquetas pasan por allí, se detectan los cambios de impedancia transitorios que producen

Página anterior: La placa se pone en contacto con la muestra que tiene moléculas de la sustancia a medir. Estas moléculas funcionan como antígenos y se unen a los anticuerpos de la placa (1). Luego, se agrega una solución que tiene otros anticuerpos que también se pegan al antígeno y que, además están unidos a una enzima. Queda un "sándwich": anticuerpo (el de la placa), antígeno (el de la muestra) y anticuerpo (el marcado con la enzima) (2). Se agrega un sustrato que es una sustancia sobre la que actuará la enzima (3). En la etapa final, se produce una reacción enzimática que causa un cambio de color que puede leerse mediante el uso de una máquina especial (4).

impulsos eléctricos que pueden ser contados. La intensidad de esos impulsos depende del tamaño de la partícula que se interpone, lo que permite detectar de qué tipo de partícula se trata.

Otro tipo de contadores usan, en vez de una corriente eléctrica, un haz de luz. Cuando las células pasan delante del haz de luz, lo desvían. Los haces desviados o dispersados son captados por un dispositivo especial llamado fotómetro, que genera impulsos eléctricos que pueden ser contados electrónicamente, motivo por el que estos sistemas son llamados contadores de dispersión de luz. Como en los contadores de impedancia, la intensidad de los impulsos es proporcional al tamaño de las células y permite que se establezca su naturaleza.

En los sistemas de dispersión de luz, las células tienen que formar una corriente muy estrecha que interactúe perfectamente con el haz de luz. Esa corriente se logra por una técnica llamada flujo laminar envolvente. Hay equipos más sofisticados que utilizan luz láser y la técnica se denomina citometría de flujo.

Estos equipos no solo cuentan las células sanguíneas, sino que también miden la hemoglobina, cuentan plaquetas, tipos de leucocitos y calculan otros parámetros.

Podríamos seguir hablando de otros métodos de diagnóstico: el electrocardiograma, el electroencefalograma, el electromiograma, las pruebas funcionales y muchos más... Lo cierto es que todo este abanico de posibilidades, en tanto y en cuanto sea accesible para la mayoría de la gente, mejora las expectativas de vida de la población, ya que pueden detectar en forma temprana una enfermedad y, en muchos casos, las posibilidades de controlarla o curarla mejoran considerablemente.

EL HOSPITAL INTELIGENTE

La biomedicina en un sistema de salud

Comenzamos este libro diciendo que la medicina tal como la conocemos hoy no podría subsistir ni llegar hasta donde llegó sin el aporte de la ingeniería. Por eso, les proponemos realizar un breve recorrido por un hospital actual e identificar todos los aportes tecnológicos que fueron desarrollados por esta disciplina. Apenas ingresamos a la institución, nos reciben las computadoras, donde se hace el registro de pacientes. Además, en diversos sectores, otros sistemas informáticos están asociados a robots o sistemas tecnológicos más o menos sofisticados que permiten posibilidades de diagnóstico y tratamiento asombrosos. Hablaremos de dos centros neurálgicos del hospital: la unidad de cuidados intensivos y el quirófano.

LOS CUIDADOS INTENSIVOS

Cuando un paciente acude a un servicio médico es necesario establecer qué tipo de atención requiere. Puede ser que el médico lo envíe a su casa con ciertas indicaciones, que lo envié a su casa con cuidados domiciliarios, que lo envié a una institución donde se cuiden pacientes crónicos o que lo interne en el hospital o centro de salud.

Se pueden establecer tres niveles de cuidados en una internación, en orden de complejidad: para pacientes físicamente autosuficientes, intermedios e intensivos. La atención médica que requieren los pacientes y el tiempo de control se hacen más intensivos. Mientras que en la internación común los controles y los cuidados son periódicos, en la unidad de cuidados intensivos (UCI) estos deben ser permanentes. Por eso, las UCI están diseñadas de una manera especial y cuentan con equipos e instrumental altamente desarrollados.

Las camas deben permitir muchas posiciones diferentes y ser accesibles por los cuatro lados (es decir que no tienen que estar pegadas a la pared o deben poder desplazarse con facilidad). Algunas son tecnológicamente muy desarrolladas y suelen cubrirse con un colchón de aire.

Cerca de cada cama suele haber una bomba de infusión que asegura la administración de sueros, medicamentos o alimentos en las cantidades correctas y en forma permanente. Se conectan al paciente mediante un tubo especial llamado catéter o mediante una sonda. Es posible que tengan una alarma incorporada que emite un sonido cuando finalizan las infusiones o se produce un obstáculo en el flujo.

También debe haber un suministro de oxígeno que llegue al paciente, por ejemplo, mediante una mascarilla, y un sistema de aspiración que permita, justamente, aspirar las secreciones bronquiales que el enfermo pueda tener. En estos procedimientos hay que tener especial cuidado con el uso de materiales estériles para evitar infecciones.

En ciertas ocasiones (cuando el paciente no puede respirar por sus propios medios), el suministro de oxígeno con una mascarilla o una cánula no resulta suficiente y es necesario conectarlo a un respirador o ventilador mecánico. Esta conexión puede hacerse mediante tubos que se introducen en la boca, en la nariz o a través del cuello (se realiza un corte o traqueotomía y el tubo se coloca directamente en la tráquea).

El ventilador mecánico consta de una turbina o un depósito de aire compresible que insufla aire más oxígeno hacia los pulmones del paciente. El nivel de oxígeno y la presión con la que se suministra es regulable en forma mecánica o electrónica, y la máquina puede ocuparse completamente de la respiración de la persona o solo en parte. Cuando surge algún inconveniente en este proceso, suenan alarmas que advierten al personal a cargo.

Cada paciente suele tener un pequeño carro con sus insumos, y todos tienen cerca otro carro que no puede faltar en ninguna terapia intensiva: el carro de paro, que contiene todo lo necesario para asistir a una persona que sufre un paro cardíaco. En este carro se incluye el desfibrilador, dispositivo que permite restablecer el latido cardíaco del paciente en paro aplicando una descarga eléctrica, que no es peligrosa y es tolerada por el cuerpo.

CONTROLES EN LA UCI
En cuidados intensivos un paciente suele estar conectado a los siguientes sistemas de control de sus funciones vitales:

- Monitor cardiorrespiratorio: muestra continuamente la frecuencia cardíaca y respiratoria del paciente. Se conecta mediante cables que tienen parches adhesivos que se fijan en la piel.
- Monitor de la presión arterial: se conecta mediante la colocación de un manguito alrededor del brazo o pierna. El equipo insufla aire en el manguito y mide la presión arterial periódicamente.
- Oxímetro de pulso: es un pequeño dispositivo que se conecta en un dedo y mide la cantidad de oxígeno en la sangre a través de la piel.

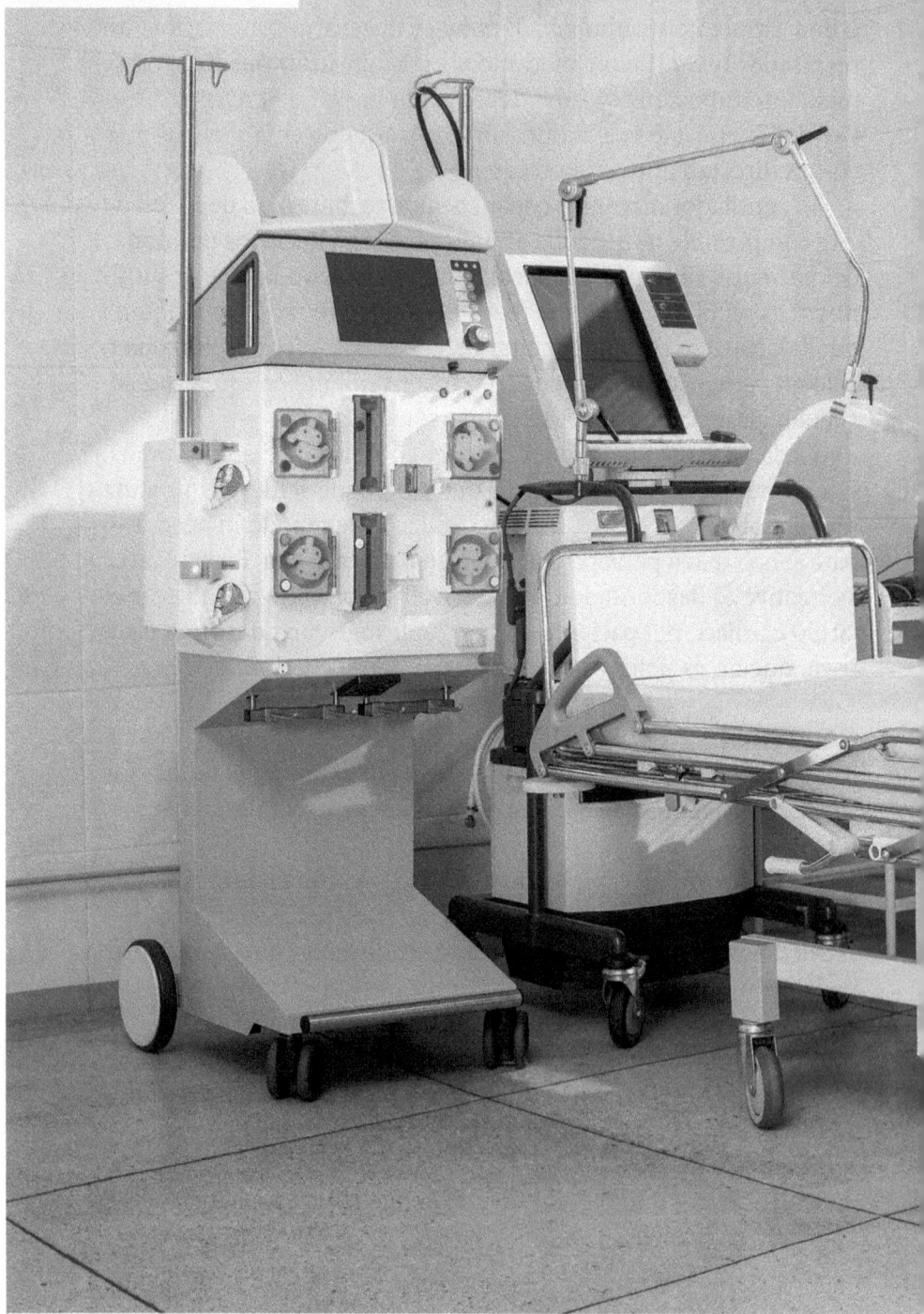

Habitación en la unidad de cuidados intensivos.

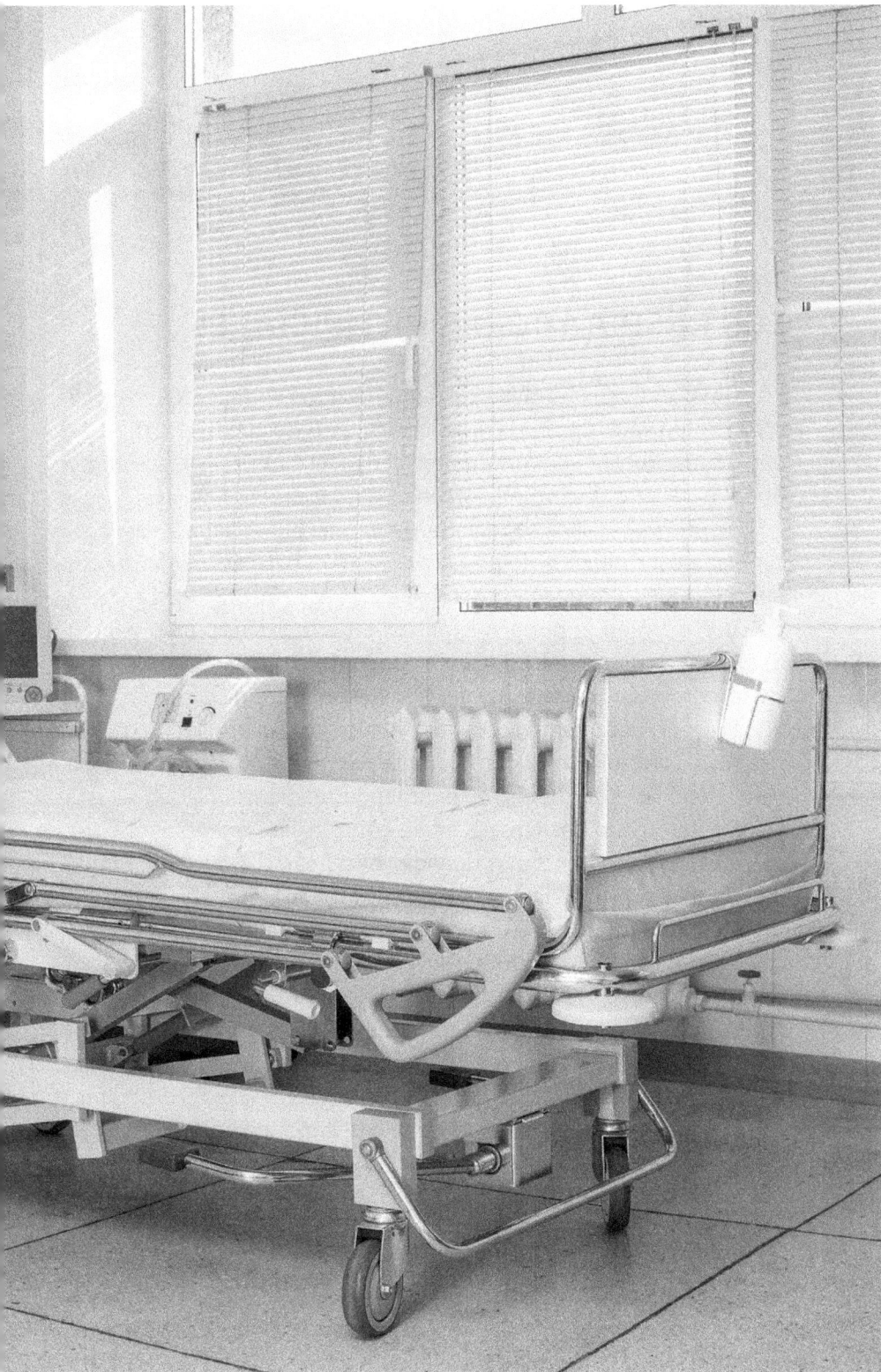

Entrenamiento de reanimación
cardiopulmonar (RCP) con muñeca RCP
y resucitador manual o *ambu bag*.

LOS RESPIRADORES ARTIFICIALES

En la historia de la humanidad, algunos años son recordados tristemente porque algo terrible sucedió. Uno de ellos será el 2020, que irrumpió con una nueva enfermedad, el COVID-19, acrónimo que remite a su denominación en inglés: *coronavirus disease*.

Los primeros casos se registraron en una ciudad china casi desconocida para muchos de nosotros, Wuhan, pero esta enfermedad infecciosa llegó rápidamente a casi todos los rincones de la Tierra y se convirtió en lo que los expertos en salud denominan pandemia. Conocer qué agente produce la enfermedad, qué síntomas presenta, cómo se transmite, cuáles son los períodos de contagio, cuál puede ser el tratamiento adecuado, cuánto lleva el desarrollo de una vacuna… forman parte de una catarata de preguntas que la ciencia tuvo, tiene y tendrá que ir respondiendo mediante incesantes trabajos e investigaciones que ocurren contrarreloj, mientras el virus avanza y termina con miles de vidas humanas. Lo cierto es que la enfermedad producida por el nuevo coronavirus afecta básicamente al sistema respiratorio. En muchos casos, afortunadamente, cursa con síntomas similares a una gripe y se resuelve en pocos días. Pero en otros, las personas infectadas desarrollan una neumonía atípica, llamada así porque la produce un virus y no una bacteria (por ejemplo, el neumococo). La capacidad respiratoria se ve disminuida y puede requerir dos tipos de tratamientos: la oxigenoterapia, es decir, el suministro no invasivo de oxígeno mediante una cánula o una mascarilla o, en casos más graves, el reemplazo de la función pulmonar por un respirador o ventilador mecánico artificial.

¿CÓMO FUNCIONA UN RESPIRADOR ARTIFICIAL?

Para entender cómo funciona un respirador, analicemos el dispositivo que se usa en una emergencia cuando una persona no respira adecuadamente por sus propios medios. Quien lo asiste

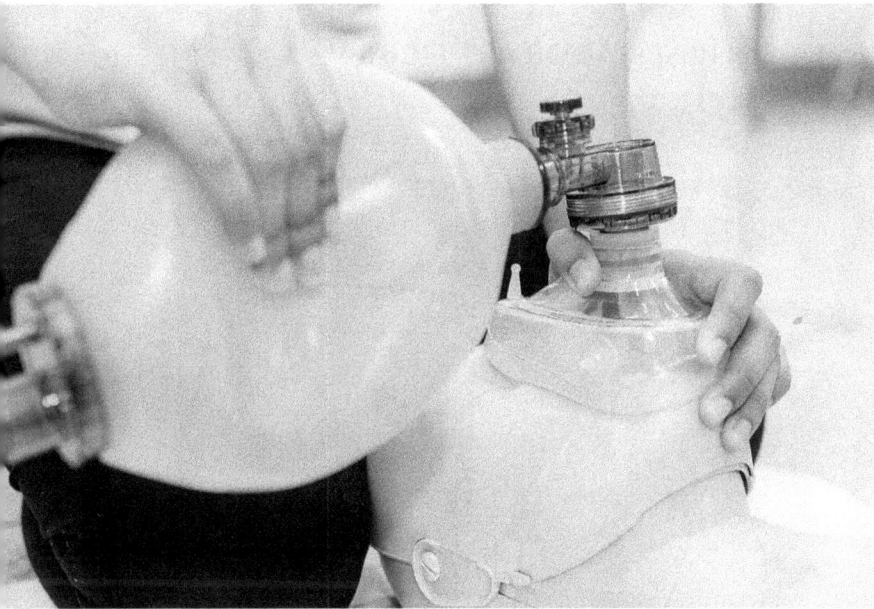

presiona el balón de manera que ingrese aire a los pulmones del paciente y, luego, deja de hacerlo para que el aire salga. Así, la respiración natural es reemplazada por un modo artificial. Eso mismo pero realizado por una máquina constituye el fundamento de un respirador.

Los primeros aparecieron en 1907 y recibieron el nombre de pulmotores. Aunque los actuales son de aspecto muy diferente de esas máquinas rudimentarias, su funcionamiento sigue siendo similar. La mayoría de los respiradores que se usan en todo el mundo constan de una turbina que genera un flujo de aire regulable. Esto hace que la máquina, a través de un tubo, insufle aire al individuo con una presión por encima de la atmosférica, forzando a los pulmones (que tienen menos presión) a llenarse. Luego, otro tubo permite que se vacíen. Ambos procesos se regulan mediante una válvula.

Antes de los respiradores a turbina existían los respiradores neumáticos, que dependían de una fuente externa de aire comprimido o un generador a pistón integrados dentro del mismo sistema. La ventaja de los respiradores a turbina es que solo requieren corriente eléctrica para crear una presión positiva.

Los tubos de respiración se colocan por la boca de las personas mediante una maniobra médica invasiva llamada comúnmente intubación. En casos menos graves, los tubos pueden llegar a las vías respiratorias a través de una máscara que se ajusta herméticamente al rostro del enfermo.

PARTES DE UN RESPIRADOR ARTIFICIAL.

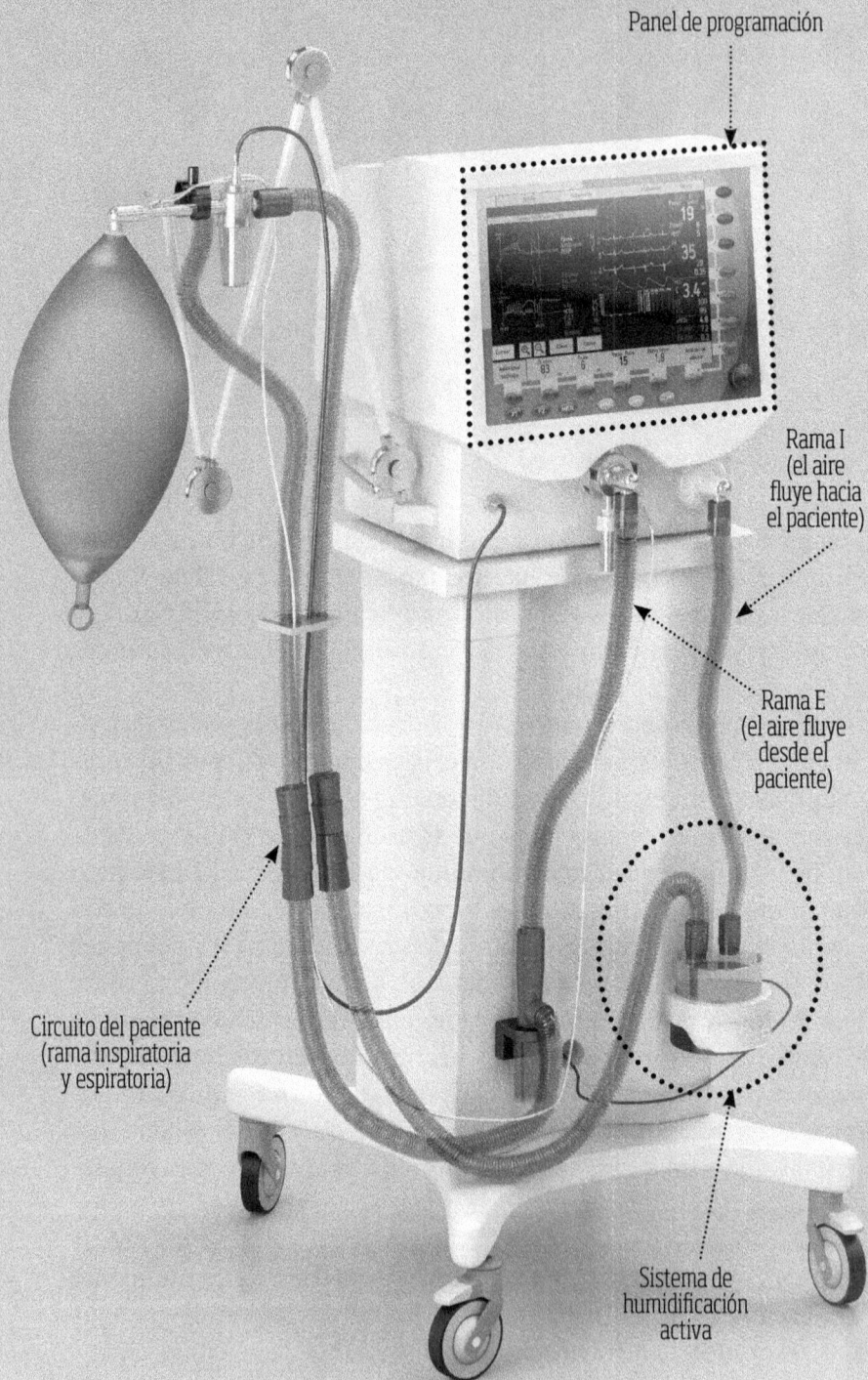

Panel de programación

Rama I
(el aire
fluye hacia
el paciente)

Rama E
(el aire fluye
desde el
paciente)

Circuito del paciente
(rama inspiratoria
y espiratoria)

Sistema de
humidificación
activa

CUANDO EL REQUERIMIENTO DE RESPIRADORES ES EXTRAORDINARIO

En numerosos centros de salud, como hospitales y clínicas, existen respiradores, en particular en las unidades de cuidados intensivos (UCI). Pero en tiempos de coronavirus, en los que miles de pacientes en el mundo padecen neumonía, el respirador se vuelve un insumo limitado e insuficiente. La cantidad de pacientes supera su disponibilidad y las empresas que los fabrican se ven desbordadas de pedidos.

Por eso, en el mundo, muchos equipos de trabajo dedicados a la biomedicina se dedicaron a pensar soluciones para enfrentar este inconveniente. Y como son importantes los ejemplos, comentaremos los proyectos generados en algunas universidades. Estos desarrollos tienen que ser testeados por los organismos reguladores de la actividad biomédica y es posible que algunos resulten efectivos en su uso y otros no sean adecuados. Sin embargo, nos referiremos a ellos por la relevancia que tiene el esfuerzo que realizan los equipos de trabajo de distintas partes del mundo para ayudar e intentar mitigar los efectos negativos de la pandemia.

VALENCIA Y BARCELONA, ESPAÑA

Un proyecto de respirador mecánico es obra de investigadores y especialistas del Centro de Investigación e Innovación en Bioingeniería, del Instituto de Biomecánica y del Instituto Tecnológico Aidimme, que dependen de la Universidad Politécnica de Valencia. Participaron, además, profesionales del Centro de Investigación Biomédica en Red de Enfermedades Respiratorias (CIBERES) de la Universidad de Barcelona y del Grupo de Investigación en Anestesia del Instituto de Investigación Sanitaria del Hospital Clínico-Universitario de Valencia. Una vez que se apruebe podrá ser fabricado a gran escala en poco tiempo.

El respirador fue desarrollado en 10 días y es pequeño, simple y fácil de manejar. Los ciclos respiratorios (entrada y salida de aire) son generados mediante un dispositivo electromecánico y se pueden controlar variables como la frecuencia de estos ciclos, el volumen de aire y la presión. Varias empresas de motores, en especial

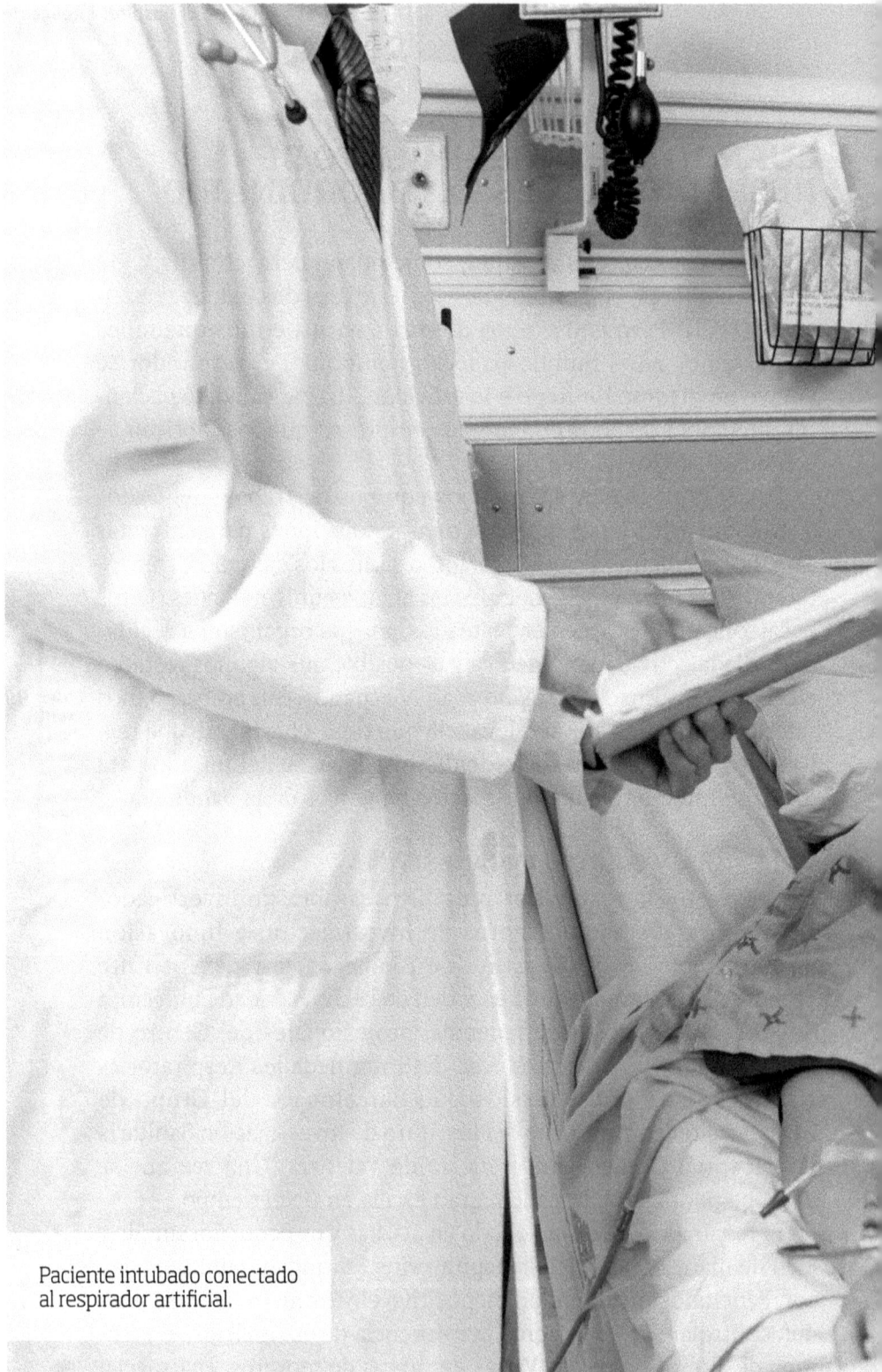

Paciente intubado conectado
al respirador artificial.

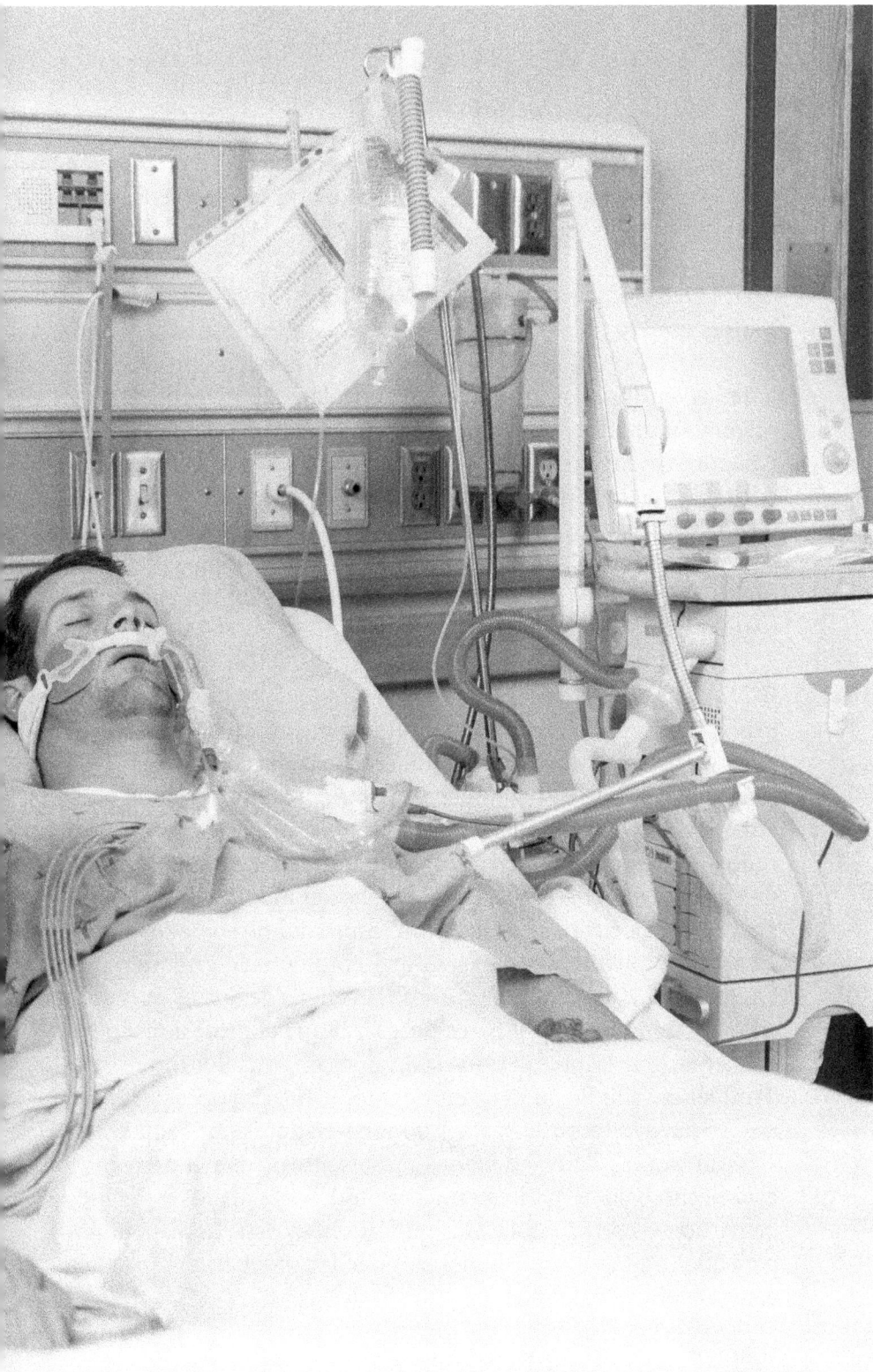

industrias automotrices, han ofrecido sus líneas de producción para fabricarlos a gran escala. De este modo es posible fabricar 300 respiradores diarios.

QUITO Y ESMERALDAS, ECUADOR

Bioingenieros, médicos y estudiantes ecuatorianos de la carrera de Medicina, de las ciudades de Quito y Esmeraldas, presentaron ante las autoridades sanitarias en abril de 2020 un prototipo de respirador artificial adaptado para ser usado en las unidades de cuidados intensivos. Tras su aprobación, las industrias automotrices de ese país podrán producirlos a gran escala. Quienes lo diseñaron son especialistas en el diseño 3D y en programación, por lo que lograron en este respirador algunas propiedades interesantes, como la posibilidad de medir la presión del paciente y regular la presión de aire.

ROSARIO, ARGENTINA

Profesores de la Universidad de Rosario, junto con ingenieros de la empresa Inventu, fabricaron en pocos días un prototipo de respirador al que denominaron "Ventilador de transición para emergencias COVID-19". En realidad, se armaron tres modelos, todos hechos con materiales nacionales, de bajo costo y fáciles de ensamblar. Todo es argentino, menos el monitor que lo compone. No es exactamente como un respirador de cuidados intensivos, pero puede funcionar en una etapa previa a requerir un equipamiento más complejo. Tiene la ventaja de que es muy sencillo de usar, por lo cual no es necesario que el profesional de la salud que lo manipule sea un especialista en cuidados intensivos. También es simple su mantenimiento, y sus creadores estiman que se pueden fabricar hasta 1.000 respiradores por semana.

Otra característica no menos interesante es que el desarrollo está hecho bajo el modo *open source*: todos sus planos y detalles constructivos serán publicados por internet y estarán disponibles para que empresas de cualquier país puedan producir a gran escala este modelo de respirador.

MARTORELL, ESPAÑA

En este caso, son 150 empleados de la empresa automotriz Seat que ponen el hombro y desarrollan un respirador adaptando una línea de montaje. Cuando la empresa automotriz cerró por la cuarentena, los trabajadores, asesorados por bioingenieros y especialistas, realizaron modificaciones en su lugar habitual de trabajo para ensamblar estos respiradores, que cuentan con más de 80 componentes electrónicos y mecánicos. Uno de estos componentes es el motor de un limpiaparabrisas, adaptado como motor del respirador. También se usan levas, chapas y otros elementos utilizados en la fabricación de autos, así como algunas piezas producidas con impresoras 3D y otras eléctricas y electrónicas fabricadas por otras empresas españolas. La esterilización tanto de las piezas como del respirador en su conjunto se realiza con radiación ultravioleta.

Los planos y el diseño de este respirador están en internet para quien quiera reproducirlo. Por otra parte, muchas empresas de mensajería se ofrecieron a realizar su distribución en forma gratuita.

103

EL QUIRÓFANO INTELIGENTE

El quirófano es un espacio de un centro de salud (sanatorio, hospital, sala de primeros auxilios) especialmente preparado para la realización de intervenciones quirúrgicas a aquellos pacientes que lo requieran. En él se suministra anestesia, se monitorean las funciones vitales de la persona que van a intervenir, se cuenta con instrumental para una posible acción de reanimación, etcétera, de modo que la cirugía resulte exitosa.

Por lo general, en un quirófano común, las intervenciones quirúrgicas complejas requieren imágenes y el paciente tiene que ser trasladado del quirófano a la sala de imágenes para luego volver al quirófano, lo que resulta bastante incómodo y tedioso.

Algunos quirófanos, llamados híbridos, están equipados con dispositivos de imágenes de generación avanzada, como ecógrafos, equipos de rayos X, tomógrafos o resonadores y con endoscopios para la realización de cirugías mínimamente invasivas. Estos procedimientos requieren el monitoreo constante a través de imágenes intraoperatorias.

Finalmente, los quirófanos más sofisticados o quirófanos inteligentes son altamente funcionales y conjugan un diseño arquitectónico especial con los más avanzados equipos biomédicos que permiten la realización de múltiples cirugías complejas, incluso la posibilidad de intercambio de imágenes intraoperatorias y conectividad con profesionales que se encuentran fuera del quirófano y que pueden colaborar en lo que se denomina cirugía videoasistida.

Estas salas están equipadas con todo el instrumental necesario como para realizar la cirugía íntegramente allí, sin necesidad de trasladar al paciente a ningún otro lugar.

Como en los quirófanos híbridos, en los inteligentes se pueden obtener imágenes intraoperatorias con ecógrafos, tomógrafos o resonadores. También cuentan con equipamiento biomédico básico:

- Unidad de anestesia con sistema de monitoreo.
- Mesa de operaciones eléctrica.
- Iluminación mediante lámparas quirúrgicas colocadas en el techo.
- Electrobisturí.
- Bomba de infusión para suministrar suero, drogas, sangre.
- Aspirador de secreciones que aparezcan durante la cirugía.
- Desfibrilador con monitor y paletas externas para utilizar en caso de paro cardíaco.

Y con equipos específicos para distintos tipos de cirugía:

- Videolaparoscopio para cirugía abdominal.
- Videoartroscopio y perforador para traumatología.
- Videocistoresectoscopio para urología.
- Histeroscopio para ginecología.
- Microscopio especializado para neurocirugía.
- Máquina de circulación extracorpórea para cirugías cardiovasculares.
- Equipos especiales para cirugías oftalmológicas.

En el quirófano inteligente se prioriza la comodidad de los profesionales que intervienen en la cirugía. Hay monitores y pantallas en las paredes que tienen una excelente calidad de imagen. Muchos equipos se disponen en brazos suspendidos en el techo para evitar obstáculos en el suelo. Estos brazos también suministran oxígeno, aire comprimido, electricidad, conectividad, etcétera.

Todos los dispositivos están integrados en un solo sistema que los coordina y gestiona. El sistema se encarga del manejo y la administración en tiempo real de toda la información, funciones y recursos involucrados en el proceso quirúrgico.

Un quirófano inteligente surge a partir de dos premisas básicas: la primera es mejorar la calidad en el cuidado de los pacientes y la segunda es obtener una mejor relación costo beneficio. Esto se logra combinando tecnologías mínimamente invasivas con imágenes de alta calidad y comunicación en un solo espacio. En él, el equipo médico trabaja con mayor eficiencia, mejor adaptado al lugar de trabajo y aprovechando al máximo el tiempo. Las cirugías menos extensas y poco invasivas mejoran el posoperatorio de los pacientes y acortan el tiempo que tienen que permanecer internados, lo que trae como beneficio extra el incremento en la disponibilidad de camas hospitalarias.

105

Este tipo de quirófano suele tener, además, una especie de "vidriera" en la parte superior en la que profesionales y estudiantes pueden observar el desarrollo de las cirugías, con el fin de aprender y capacitarse.

EL ROBOT DA VINCI Y LA CIRUGÍA ROBÓTICA

¿Puede un robot ser más eficiente que la mano de un cirujano? Esta pregunta, surgida a fines del siglo xx, tuvo su respuesta en el año 2000, cuando se aprobó el uso del sistema quirúrgico Da Vinci, que fue adoptado en algunos países del mundo.

Este sistema, y otros que se están desarrollando, constituyen la base de las cirugías robóticas, o cirugías asistidas por robot, que permiten a los médicos realizar muchos tipos de procedimientos complejos con mayor precisión, control y posibilidades que las que ofrecen los procedimientos convencionales. Se trata de operaciones que serían muy difíciles o imposibles de realizar con otros

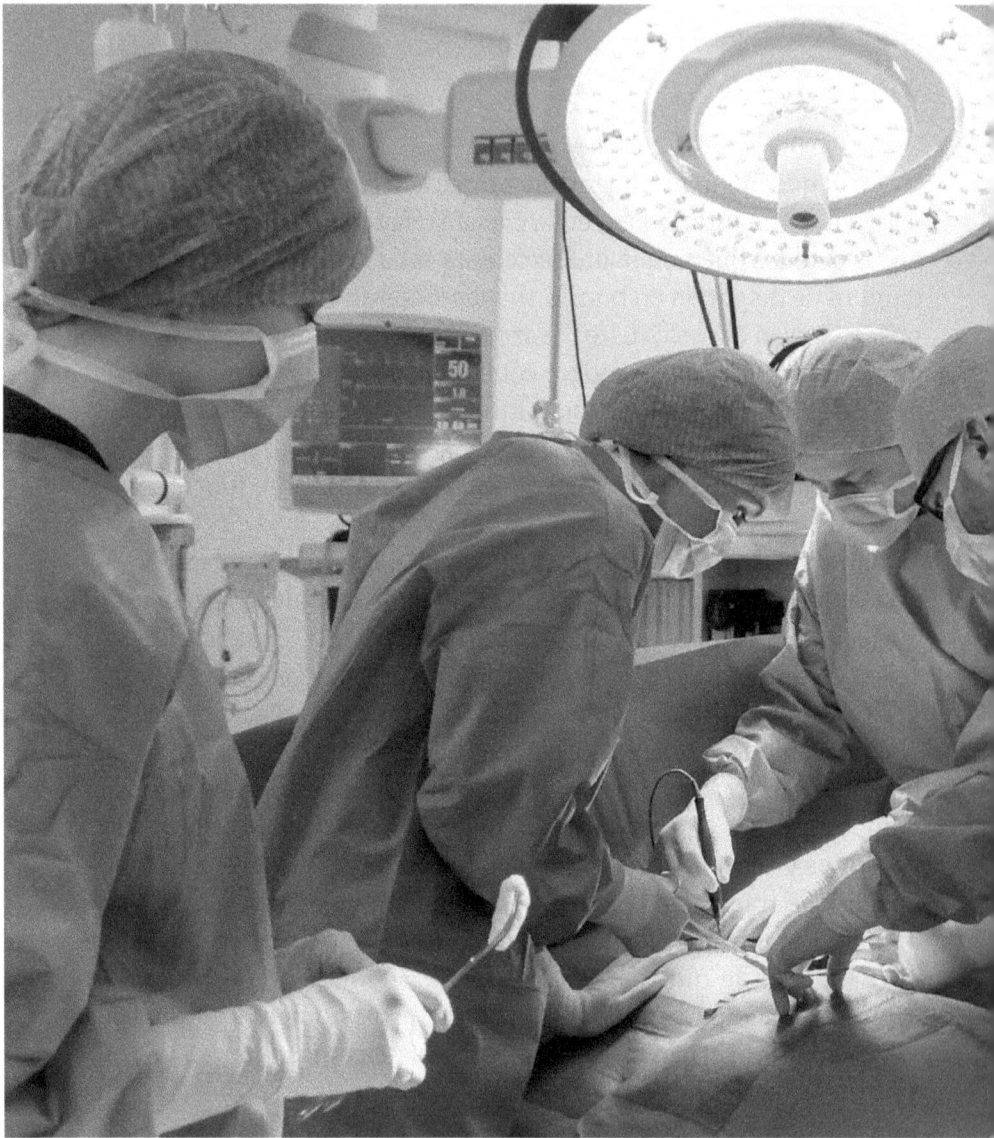

métodos. Si bien a veces se utilizan en cirugías a campo abierto, en la mayoría de los casos se emplean en técnicas quirúrgicas muy poco invasivas, es decir que el robot opera a través de pequeñas incisiones en los tejidos.

El sistema Da Vinci cuenta con una cámara y brazos mecánicos con instrumentos quirúrgicos montados en ellos. El cirujano se sienta delante de una consola cerca de la camilla de operaciones y maneja los comandos mientras observa permanentemente una pantalla que recibe imágenes tridimensionales que provienen de la cámara. Con estos comandos controla los brazos robóticos, que son los que

En un quirófano inteligente muchos dispositivos se pueden operar y controlar mediante comandos acústicos. El control de voz, como se denomina a este sistema, se realiza a través de un dispositivo inalámbrico tipo *headset* (auricular y micrófono).

ERGONOMÍA ANTE TODO

Ergonomía es el concepto que prima en un quirófano inteligente. Se refiere a encontrar las condiciones óptimas del lugar de trabajo para adaptarlas a las características físicas y psicológicas del usuario, en el caso de un quirófano, los profesionales de la salud. Por ejemplo, como hay pantallas centralizadas en las paredes, el cirujano tiene, en todo momento, diferentes ángulos de visión del campo operatorio. Colocar brazos desde el techo que aportan suministros evita que haya cables y tubos en el suelo que puedan producir accidentes. En definitiva, un diseño ergonómico aumenta el rendimiento laboral a expensas de la humanización de los medios para producirlo.

intervienen al paciente. De esta manera, primero se realizan pequeñas incisiones en la zona del cuerpo adecuada. Luego se introduce a
través de ellas un videoendoscopio (sonda delgada con una cámara
adherida a su extremo) que le permite al cirujano ver las imágenes
tridimensionales y ampliadas de la zona a intervenir. Finalmente, los
brazos robot, provistos de instrumental quirúrgico adecuado y muy
diminuto, equiparan los movimientos de la mano del médico para
llevar a cabo la intervención. Este procedimiento supone pocas complicaciones, como baja incidencia de infecciones y escasa pérdida de
sangre, además de una mejor recuperación del paciente, que tendrá
poco dolor posquirúrgico y cicatrices más pequeñas.

LA CIRUGÍA LÁSER

Así como un brazo robótico puede reemplazar la mano de un cirujano, la luz láser debidamente dirigida y administrada también
puede realizar una intervención quirúrgica. Esta técnica se emplea
en oftalmología para tratar afecciones comunes de la vista, como la
miopía, el astigmatismo y la hipermetropía, y también en derma-
tología, para retirar tejidos enfermos, tratar el sangrado de vasos
sanguíneos, restaurar la piel y reducir arrugas, manchas de sol o
marcas de nacimiento.

La cirugía ocular láser que se realiza con más frecuencia se
denomina LASIK (queratomileusis *in situ* asistida con láser). Es
una cirugía refractiva, ya que modifica la manera en que el ojo
refracta la luz que percibe con el propósito de eliminar o dismi-
nuir el uso de anteojos o lentes de contacto. Es indolora y no dura
más de 15 minutos.

Lo primero que hace el cirujano es colocar unas gotas de anestesia en el ojo. Luego, crea un colgajo (capa delgada y circular) en la
córnea. Para eso usa un láser de femtosegundo o microquerátomo.
Después, repliega ese colgajo y accede a la córnea. La modela con un
láser de luz ultravioleta que quita tejido de la córnea. En el caso de
los miopes, la idea es aplanarla; en el de los hipermétropes, empi-
narla, y en el de los astigmáticos, emparejar su superficie.

Una vez que el láser modela la córnea, el primer colgajo se
reubica en su lugar y la cirugía se da por terminada. No necesita
vendajes ni suturas.

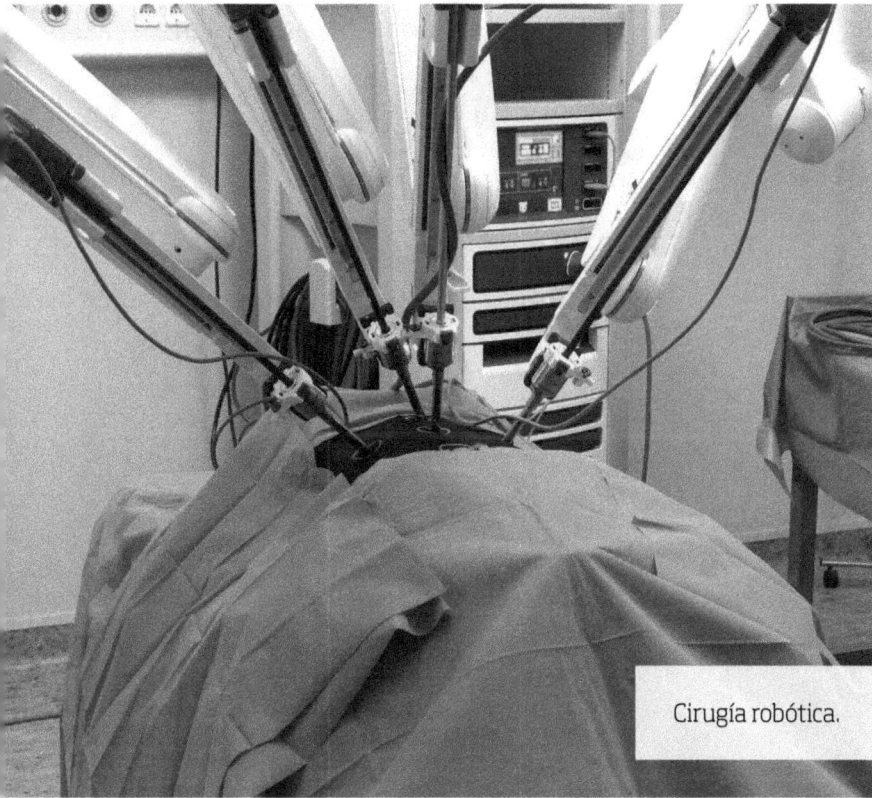

Cirugía robótica.

LA ÉTICA MÉDICA

"Para vivir mejor no hace falta modificar el planeta, sino cambiarnos a nosotros mismos". Esta frase fue expresada por Neil Harbisson, un joven inglés que nació con una enfermedad que reduce su visión a una escala de grises. En 2004, y con la idea de poder percibir los colores, se colocó una antena en la cabeza con implantes en el cráneo que permiten convertir las ondas de luz en ondas sonoras. Percibe no solo los colores que vemos los seres humanos, sino también los infrarrojos y los ultravioleta. Neil fue el primer implantado con un objeto cibernético y fue reconocido en el Reino Unido como el primer *cyborg* u organismo cibernético. "Yo me identifico como *cyborg* porque soy un organismo cibernético. No solo estoy unido a la cibernética biológicamente, sino también psicológicamente. Yo no siento que estoy llevando o

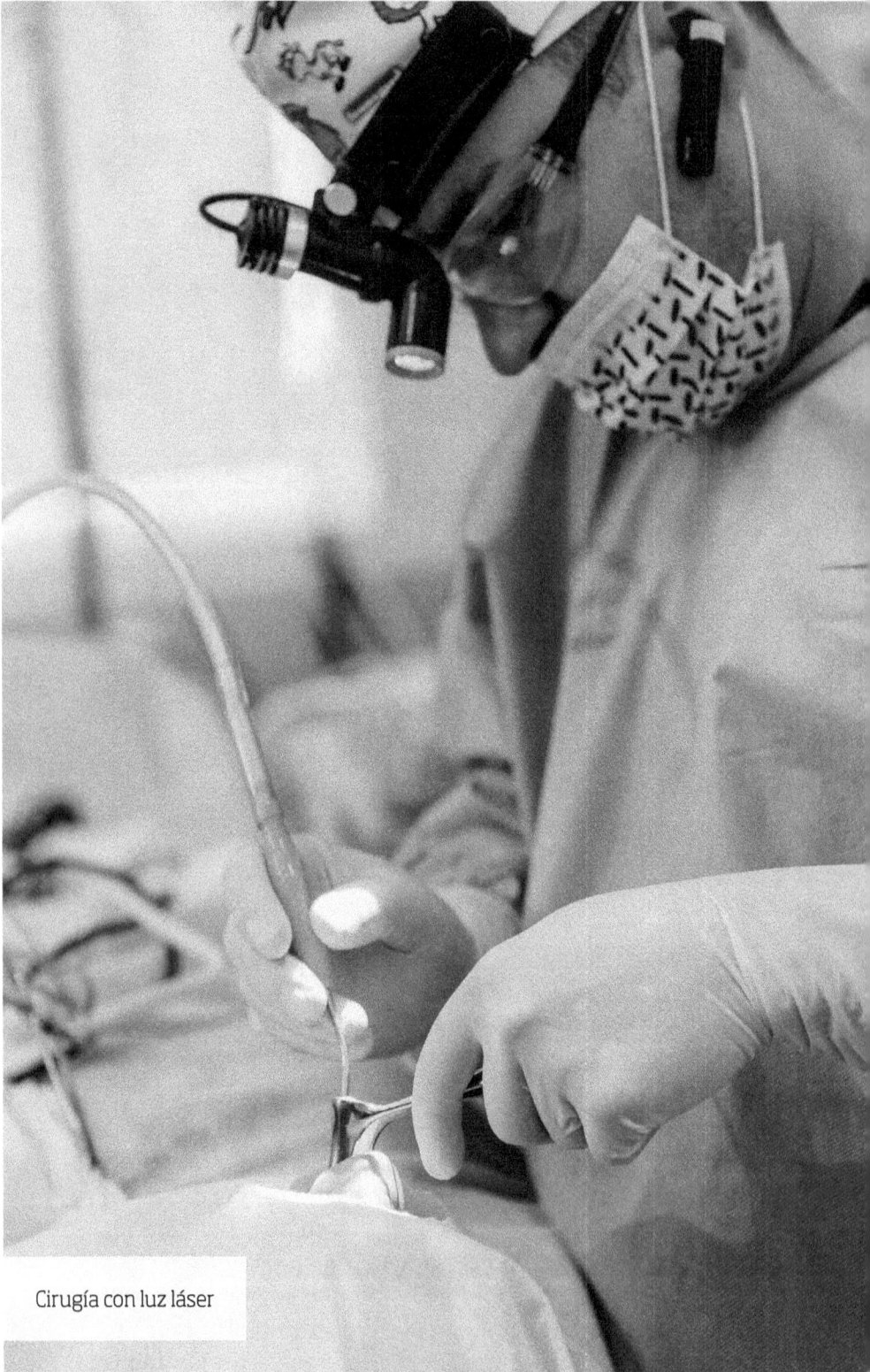

Cirugía con luz láser

LA VALIENTE ALBERTA

Marguerite McDonald, una oftalmóloga estadounidense, inspirada en los trabajos de Stephen Trokel (1934-), realizó en 1988 la primera cirugía láser en un ojo humano, el de Alberta Cassady. Previamente había realizado miles de prácticas en ojos de plástico, de animales muertos y de cadáveres humanos. Más tarde, desarrolló las técnicas adecuadas para probar también en los ojos de algunos animales vivos.

Alberta tenía cáncer de la órbita ocular y necesitaba una exenteración, es decir, la eliminación del globo ocular. Su pronóstico era muy malo. Entonces aceptó ser operada por la doctora McDonald con luz láser. El ojo de Alberta sanó día a día, hasta que llegó el día de la exenteración. Como las evaluaciones posteriores a la cirugía fueron muy buenas, las autoridades sanitarias aprobaron este tipo de procedimientos, que fue perfeccionándose con los años.

usando tecnología; siento que soy tecnología". Como Neil, ya hay muchas otras personas cibernéticas.

Entonces, y llegando ya al final de este libro, en el que buscamos poner en valor la extensa cantidad de avances médicos logrados por el desarrollo de la biomedicina, podríamos dejar planteadas algunas de las tantas preguntas promovidas por estas nuevas prácticas y posibilidades: ¿hasta dónde llegar con los procedimientos médicos?, ¿es posible implementar cualquier desarrollo biomédico en seres humanos?, ¿qué controles deben garantizar el correcto uso de las técnicas avanzadas?

Estas preguntas propician el debate y habilitan la posibilidad de opinar, pero siempre las respuestas deben orientarse al bienestar de las personas en general. Sin los avances médicos de los últimos años no se habrían incrementado la expectativa y la calidad de vida de la población en general, pero un exceso y descontrol de estos procedimientos podría traer consecuencias nefastas para algunos o para muchos. Es cuestión de establecer un sano equilibrio.

Muchas de las prácticas biomédicas, algunas de las cuales describimos en este libro, son sumamente costosas y resultan accesibles para pocas personas. Algunas, incluso, existen solo en algunos países. Sería deseable que, en los próximos años, se trabaje fuertemente sobre una idea que debe recorrer el mundo entero: la salud es un derecho de cada persona de la población mundial.

GLOSARIO

Analizador bioquímico. Equipo automatizado o robot de laboratorio bioquímico cuya función es medir niveles sanguíneos de metabolitos como glucosa, colesterol, triglicéridos, ácido úrico, proteínas, de enzimas o de hormonas.

Artroscopia. Tipo de endoscopia que permite visualizar una articulación, como la rodilla o la cadera.

Artroplastia. Reemplazo total o parcial de una articulación por un implante artificial o prótesis.

Biónica. Ciencia que estudia la creación y el desarrollo de aparatos tecnológicos que reemplazan o ayudan en la realización de las funciones vitales del cuerpo.

Circulación extracorpórea. Procedimiento que consiste en derivar la sangre de un paciente hacia un sistema externo a la circulación para oxigenarla y hacerla fluir mientras el corazón y los pulmones no cumplen con su función habitual. Se denomina también *bypass* cardiopulmonar (CPB).

Cirugía láser. Práctica quirúrgica que se realiza en forma ambulatoria y que utiliza como instrumentos distintos tipos de luz láser. Es común para corregir problemas en los ojos y en la piel.

Contador hematológico. Equipo automatizado o robot del laboratorio bioquímico cuya función es realizar hemogramas que incluyen el recuento de glóbulos rojos y blancos y de plaquetas.

Corazón artificial. Dispositivo artificial que se implanta en el cuerpo para reemplazar al corazón. Se diferencia de la máquina de circulación extracorpórea en que no es externo al cuerpo como esta máquina.

Ecografía. Técnica de exploración de los órganos del cuerpo que consiste en registrar el eco de ondas acústicas enviadas hacia el lugar que se examina.

Endoscopia. Técnica de exploración o tratamiento que permite observar las cavidades o conductos internos del cuerpo humano mediante un endoscopio, un tubo flexible provisto de luz y pequeños instrumentos que permiten realizar maniobras quirúrgicas.

ELISA o enzimoinmunoanálisis. Técnica de laboratorio de alta especificidad que permite identificar y medir anticuerpos, antígenos, hormonas y otras sustancias.

Implante. Material o dispositivo (muchas veces prótesis) que se incorpora al cuerpo mediante una intervención quirúrgica y que puede sustituir un órgano o parte de él, regular un proceso, etcétera.

Implante coclear. Dispositivo tecnológico que se implanta en el oído interno y transforma las señales acústicas en señales eléctricas que estimulan el nervio auditivo.

Implante dental. Pieza artificial que se coloca mediante una cirugía en los maxilares y se osteointegra. Gracias a esta fijación, se pueden reemplazar uno o más dientes que se han perdido.

Laparoscopia. Técnica quirúrgica que se realiza en el abdomen con un endoscopio que se introduce a través pequeñas incisiones.

Lente biónica. Lente realizada con un material biocompatible que reemplaza la lente del ojo. Se implanta con un procedimiento sencillo y ambulatorio.

Material biocompatible. Sustancia artificial sintética utilizada para fabricar piezas que, una vez implantadas, permanecen en contacto directo con un tejido vivo de manera segura y confiable.

Marcapasos. Pequeño dispositivo que se coloca debajo de la piel del pecho para ayudar a dar el ritmo adecuado a los latidos del corazón.

Nanotubo. Partícula en forma de tubo que tiene muy pequeño tamaño (del orden de los nanómetros) y puede ser de distintos materiales (sobre todo carbono).

Prótesis. Dispositivo o aparato artificial que se coloca en el cuerpo para sustituir una parte perdida, por amputación o por no ser funcional. Cuando es introducida mediante cirugía en el cuerpo recibe el nombre de implante.

Prótesis ortopédica. Prótesis que reemplaza una extremidad del cuerpo (pierna, brazo) o parte de ella (mano, pie, dedos).

Quirófano inteligente. Sala de cirugía que posee instrumentos y dispositivos de alta tecnología, dispositivos quirúrgicos que permiten el control de lo que sucede durante una cirugía a través de pantallas táctiles, controles de voz o sensores de movimiento.

Rayos X o radiografía. Examen médico no invasivo en el que el paciente se expone a una pequeña cantidad de radiación para producir imágenes del interior de su cuerpo.

Resonancia magnética. Técnica exploratoria computarizada que se basa en captar la señal que emiten los átomos de hidrógeno luego de haberlos hecho entrar en resonancia con dos campos magnéticos.

Respirador o ventilador artificial. Máquina que proporciona una ventilación pulmonar eficaz. Se conecta al paciente mediante un tubo colocado en la boca o directamente en la tráquea.

Robótica. Técnica que se utiliza en el diseño y la construcción de robots y aparatos que realizan trabajos y sustituyen la acción manual humana.

Stent. Tubo pequeño que se coloca en un vaso sanguíneo cerrado u obstruido y se autoexpande para mantenerlo abierto.

Tomografía computada. Técnica exploratoria radiográfica que permite obtener imágenes radiológicas de una sección o un plano de un órgano.

114   **Trasplante.** Tratamiento que consiste en sustituir un órgano que está enfermo y que pone en peligro la vida de una persona, por otro que funcione adecuadamente que provenga de otra persona.

BIBLIOGRAFÍA RECOMENDADA

○ Busch, U. **Wilhelm Conrad Röntgen. El descubrimiento de los rayos X y la creación de una nueva profesión médica**, Revista Argentina de Radiología, 2016, disponible en internet: https://www.elsevier.es/es-revista-revista-argentina-radiologia-383-articulo-wilhelm-conrad-roentgen-el-descubrimiento-S0048761916301545

○ Carrión Pérez, Pedro y col. **Ingeniería biomédica. Imágenes médicas**, Ediciones de la Universidad de Castilla, La Mancha, España, 2019.

○ De la Torre Bravo, Antonio. **Historia de la endoscopia**, Asociación Mexicana de Endoscopía Gastrointestinal, disponible en internet: https://www.amegendoscopia.org.mx/index.php/acerca/historia/145-historia-de-la-endoscopia

○ Dorador González, Jesús y col. "Robótica y prótesis inteligentes", **Revista Universitaria de la UNAM**, disponible en internet: http://www.revista.unam.mx/vol.6/num1/art01/art01_enero.pdf.

○ Lema Galarza, Oscar. **Prótesis de mano robótica**, disponible en internet: https://www.monografias.com/trabajos96/protesis-mano-robotica/protesis-mano-robotica.shtml

○ Lemus Cruz, Leticia y col. **Origen y evolución de los implantes dentales**, disponible en internet: http://scielo.sld.cu/scielo.php?script=sci_arttext&pid=S1729-519X2009000400030.

○ Minsky, Waksman. **Breve historia de la resonancia magnética nuclear: desde el descubrimiento hasta la aplicación en imagenología**, disponible en Sociedad radiológica de los Estados Unidos: https://www.radiologyinfo.org/sp/.

○ Olmo Cordero, Juan Carlos. **Historia de las prótesis auditivas**, Asociación Costarricense de Audiología, disponible en internet: https://www.clinicasdeaudicion.com/wp-content/uploads/Historia-de-las-pr%C3%B3tesis-auditivas.pdf

○ Sociedad Española de Ingeniería Biomédica. Publicaciones científicas de los Congresos anuales de la Sociedad Española de Ingeniería biomédica, disponible en internet: http://seib.org.es/publicaciones-cientificas-caseib/.

- Tromberg, Bruce J. (director). **Temas científicos del Instituto Nacional de Bioingeniería e Imágenes Biomédicas** (NIBIB por sus siglas en inglés), disponible en internet: https://www.nibib.nih.gov/espanol/temas-cientificos.

- Walker, Gregory. **Diagnóstico por imagen. Procedimientos intervencionistas**, Panamericana, Buenos Aires, Argentina, 2016.

TÍTULOS DE LA COLECCIÓN

Inteligencia artificial
Las máquinas capaces de pensar ya están aquí

***

Genoma humano
El editor genético CRISPR y la vacuna contra el Covid-19

***

Coches del futuro
El DeLorean del siglo XXI y los nanomateriales

***

Ciudades inteligentes
Singapur: la primera smart-nation

***

Biomedicina
Implantes, respiradores mecánicos y cyborg reales

***

La Estación Espacial Internacional
Un laboratorio en el espacio exterior

***

Megaestructuras
El viaducto de Millau: un prodigio de la ingeniería

***

Grandes túneles
Los túneles más largos, anchos y peligrosos

***

Tejidos inteligentes
Los diseños de Cutecircuit

***

Robots industriales
El Centro Espacial Kennedy

***